基于失效模式的
电子元器件质量控制

JIYU SHIXIAO MOSHI DE
DIANZI YUANQIJIAN ZHILIANG KONGZHI

李京苑 主编 | 熊盛阳 洪鸣 姚全斌 副主编

首都经济贸易大学出版社
Capital University of Economics and Business Press

U0321112

图书在版编目（CIP）数据

基于失效模式的电子元器件质量控制 / 李京苑主编. --北京：
首都经济贸易大学出版社，2019.5

ISBN 978-7-5638-2934-7

Ⅰ.①基…　Ⅱ.①李…　Ⅲ.①电子元器件—质量控制
Ⅳ.①TN60

中国版本图书馆CIP数据核字（2019）第063965号

基于失效模式的电子元器件质量控制

李京苑　主编

熊盛阳　洪鸣　姚全斌　副主编

责任编辑	刘元春
封面设计	风得信·阿东 FondesyDesign
出版发行	首都经济贸易大学出版社
地　　址	北京市朝阳区红庙（邮编100026）
电　　话	（010）65976483　65065761　65071505（传真）
网　　址	http://www.sjmcb.com
E-mail	publish@cueb.edu.cn
经　　销	全国新华书店
照　　排	北京砚祥志远激光照排技术有限公司
印　　刷	北京玺诚印务有限公司
开　　本	710毫米×1000毫米　1/16
字　　数	211千字
印　　张	12
版　　次	2019年5月第1版　2019年7月第2次印刷
书　　号	ISBN 978-7-5638-2934-7 / TN·3
定　　价	68.00元

前　言
Preface

　　电子元器件是在电子线路或电子设备中执行电气、电子、电磁、机电或光电功能的基本单元，是电子产品的基本组成部分。在中国航天六十余年的发展历程中，电子元器件的可靠性问题备受关注。按照自力更生的原则，中国运载火箭长期以来坚持推广应用国产电子元器件。中国的电子元器件为我国航天事业的发展做出了重要贡献。

　　曾有一段时期，电子元器件面临的可靠性问题比较突出，因此，在国家层面，相继组织了"七专"电子元器件质量控制和科学试验、航天电子元器件可靠性增长工程、载人航天电子元器件质量保证计划等，这些质量提升工程主要针对电子元器件的失效模式，将消除或控制电子元器件的失效模式作为工作目标，在后续工作中取得了良好成效。

　　中国运载火箭研究院（以下简称"航天一院"）在从事运载火箭研制过程中，积极参与国家的电子元器件质量提升工程，同时，也建立了自己的电子元器件产品保证体系，包括检验检测系统、失效分析系统、管理体系和标准体系。航天一院十分重视元器件的现场失效，长期开展失效分析和质量问题的归零活动，在解决元器件故障的艰难过程中，积累了经验。

本书不是对电子元器件质量与可靠性进行系统性研究的书籍，只是结合实际工作，通过对典型案例的分析，介绍航天一院在电子元器件质量控制方面所做的工作。本书的第一章由李京苑、达猛、熊盛阳、李森等负责编写或提供素材；第二章由彭磊、苏磊、周康、赵钺、崔德胜、么东阁、李丹等负责编写或提供素材；第三章由张伟、刘泓、加春雷、王丽妍、许春来、王闯、刘博龙、张晓丽、张佳鑫、陈灏、杨凡等负责编写或提供素材；第四章由张伟、林雄辉、张晖、官岩、卢欣、王慧等负责编写或提供素材；第五章由熊盛阳、张伟、王树升等负责编写或提供素材。全书由李京苑、熊盛阳、洪鸣、姚全斌负责整理、修改、完善。

在本书的撰写过程中，虽经多次修改，几易其稿，但因为资料收集不及时，编者水平有限，书中难免有不妥之处，恳请广大读者批评指正。

CONTENTS 目 录

第一章

问题导向
——基于失效模式的质量控制方法

⋀ 再归零原则

⋀ 规范标准，建立数据管理系统

⋀ 提升元器件可靠性的主要途径

问题是科学研究、技术创新和管理创新的起点，也是保证产品质量和可靠性的出发点。长期以来，航天一院不断加深对质量问题的理解，加强对产品故障或失效的管控，认识到那些需要通过技术创新来解决的质量问题只占少数，大部分问题属于可以通过已有方法解决的常规问题，这种现象说明我们在经验教训的总结方面、在知识的管理方面存在不足，使得电气系统可靠性分析与设计缺乏基础的数据支持。

2013年，我们提出"梳理模式、提炼准则、统计分析、完善基线、积累数据"的质量问题归零原则，要求在完成归零主体工作之后，要对解决问题的过程进行系统梳理，提炼出基线和准则。如此，一方面，可使后续的改进工作更有针对性；另一方面，通过对不同失效模式的数据积累，为电子设备的可靠性设计提供支持。

21世纪以来，元器件的质量水平有较大的提高，但作为航天复杂庞大系统的基础之一，元器件依然是质量保证工作的重点。过去元器件质量水平的提高得益于一系列质量提升工程，其特征是用户牵引、问题导向。当前，在如何提高元器件质量与可靠性方面，仍然应当统一认识，继续坚持以问题为导向，尤其是面向已经发生的质量问题，要从元器件的失效模式抓起。

元器件失效模式是元器件失效的表现方式，是对产品所发生的、能被观察或测量到的故障现象的规范描述。研究元器件失效模式，特别是研究元器件的现场失效，开展失效分析，并采取纠正措施，是提高元器件可靠性的主要途径，也是保证元器件质量与可靠性的关键和重点。

第一节　再归零原则

严肃、规范地处理质量问题，是航天事业持续发展的保证，坚持双"五条"归零标准的同时，还要进一步体现归零标准的具体量化，不断丰富归零工作的内涵。2010年，针对航天工程的系统特征和组织特征，提出"眼睛向内、系统抓总、层层落实、回归基础、提升能力"的"五条"归零原则。2013年，又提出"梳理模式、提炼规则、统计分析、完善基线、积累数据"的"五条"归零原则，强调要对质量问题归零结果进行深入分析，并与可靠性工作密切结合。

一、梳理模式

梳理模式，即收集、整理已经发生的元器件质量问题，提炼元器件失效模式。航天系统较早开展了故障模式影响及危害性分析（FMECA：failure mode effects and criticality analysis）工作，但因未能及时有效总结现场失效数据，并未形成可支撑系统FMECA的失效模式库，因此系统的FMECA工作仍然主要依赖于设计师个体的经验或教科书的数据。此外，在现行有效的标准规范中，针对相同的产品，不同的行业给出了不同的失效模式分类和定义，不利于具体工作的实施。为了针对质量问题达到举一反三的目的，需要先对质量问题归零的相关重要信息和要素进行整理，形成质量问题线索表，此后还要增加故障模式的收集要求，建立复杂故障故障树库，系统地积累航天产品的故障模式。

结合运载火箭的特点，将故障模式分成两大类进行研究。

一是以元器件、原材料、软件、标准紧固件等零部件为代表的基础产品失效模式。几乎所有的质量问题，最终可能都体现在某个特定的元器件、原材料或者某项软件的失效上，因此基础产品是设计师系统开展可靠性设计的起点，有必要对这些产品的失效模式进行统一分类和定义，以便开展FMECA以及单点故障模式识别与控制工作。例如，对于元器件的失效模式可以划分为开路、短路、外观损伤、功能失效、参数变化、结构破坏、绝缘不良、接触不良等。

二是系统或单机产品的故障模式，例如运载火箭总体、控制系统、发动机等。这一类失效模式通常缺乏公用的数据基础，需要结合工程系统不断积累。

故障模式的梳理要本着能用、好用的原则，一方面要面向进行可靠性设计和分析工作的设计师；另一方面，要面向从事产品质量保证和可靠性研究的人员。

二、提炼准则

提炼准则，即通过对已有质量问题的深入分析，提出今后在设计、工艺、试验、管理等方面的准则或禁忌，运用这些准则或禁忌，能够防止问题重复发生。在当前的质量问题归零活动中，一方面存在"纠正"和"纠正措施"概念混淆的问题，以现场处理措施作为纠正措施，没有明确在设计、工艺等方面的改进措施；另一方面，质量部门发出的用于举一反三的质量问题线索表中，未将导致问题的共性原因及改进措施加以提炼，致使举一反三的针对性不强。

提炼准则的工作，不仅针对技术问题，也针对管理问题。提炼准则，应该遵循两条原则：一是可操作性要强，应当尽量具体，类似"严格过程控制""加强验收把关"等词语应尽量避免使用；二是要做好归纳或类推，要由针对一个产品的准则上升为针对一类产品的准则。

以某系统发生的单元测试结果异常为例，其故障定位于单片机设计使用的内部复位电路复位时间与电源上电时间不协调。纠正措施为更换单片机并增加外部复位电路。

按照上述纠正措施，工作范围将仅限于该系统的某一测试设备。如果按照提炼准则的工作要求，则应当对该问题进行进一步分析，并形成如下内容：①单片机电路设计应尽可能采用外部复位电路；②当使用内部复位电路时，其复位时间应大于电源上电时间。

按照上述工作准则，可以对其他系统使用的单片机复位电路进行检查，并采取相应的改进措施。

三、统计分析

统计分析，一方面是对已认知或已发生的失效模式的种类进行统计分析，识别其发生的深层次原因，为改进工作提供支撑；另一方面，还要对失效模式的发生频率进行统计分析，为开展可靠性设计提供依据。

例如，运载火箭所使用的阀门产品有"打不开"和"关不住"这两种故障模式，由于缺乏对两种故障模式的发生频率进行统计，并未明确主要故障模式。在以往的阀门设计过程中，主要担心"打不开"情况的发生，为此采用并联阀门以解决该问题，而并联阀门的设计方式却增加了"关不住"的风险，反而降低了系统的可靠性。

又如，过去理论上认为瓷介质电容器的主要失效模式是开路，在滤波电路设计时，经常采用两个电容器并联的设计方式，一旦发生开路失效，只会造成性能偏差。但实际的统计结果表明，绝大部分瓷介质电容器的失效是由于介质层缺陷或端头处理不当造成的短路失效，电容器并联设计方式反而提高了产品功能失效的概率。

四、完善基线

质量问题举一反三基线是按产品及专业进行分类的，需定期对质量问题统计分析，对故障模式、故障机理以及技术准则或禁忌等内容进行汇总整理。其作用主要有以下几点：①归纳问题发生的规律，作为举一反三的依据；②从产品及专业角度出发为完善技术规范提供依据；③防止类似质量问题重复发生；④还可以通过完善故障模式库和故障树库，为FMECA和故障树分析（FTA: Fault Tree Analysis）提供基础数据支持，当系统再度出现其他质量问题时为快速定位提供帮助。

建立举一反三基线主要分为两步。

一是建立质量问题线索表。每一个质量问题归零后都应该形成该问题的质量问题线索表，其主要内容包括：失效模式、失效机理、技术准则、可能涉及的产品或专业类别等。如表1-1所示。

表1-1 质量问题归零及线索汇总表

序号	归零汇总表内容									质量问题线索表内容			
	问题名称	产品名称图（代）号	所属系统	问题分类	责任单位	问题概述	原因分析	归零措施	归零情况	失效模式	失效机理	技术准则	可能涉及的产品或专业类别

二是建立举一反三基线。按产品或专业类别建立质量问题举一反三基线，提炼各专业产品在设计、生产、试验等方面的共性问题和改进措施，逐渐形成知识的不断积累。在元器件方面，同样按此原则进行细分。

举一反三基线的建立，一方面可以有效地指导各单位建立并完善标准规范体系，帮助提高员工工作能力；另一方面通过不断完善故障模式库或故障树库，可以使FMECA和故障树分析工作更加充分，为开展后续单故障模式分析及闭环控制等工作打下基础。质量问题举一反三基线与相关工作关系如图1-1所示。

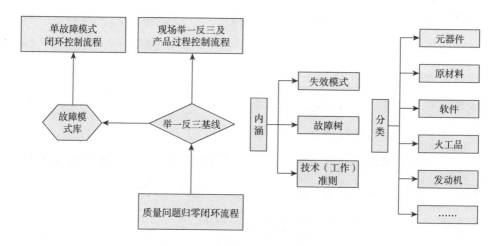

图1-1　质量问题举一反三基线与相关工作关系图

五、积累数据

积累数据，即通过质量问题归零，将以往未认识到，在产品设计、生产、试验等过程中的薄弱环节提取出来作为产品的关键特性加以控制，并完善质量与可靠性数据包，通过后续数据的不断积累，为开展数据分析以及产品质量评价提供支撑。目前的问题是，虽建立了质量与可靠性数据包，但缺乏后期评价和优化完善的过程，一旦出现问题，已有的数据包难以为故障分析提供全面、有效的支撑。因此，质量问题归零，一定要对数据包进行不断补充完善。

做好积累数据工作，首先要提高对质量与可靠性数据包的认识，以单机产品为例，质量与可靠性数据包是表现产品功能、性能的质量与可靠性模型。基于已经建立的数据包，对于出现的失效问题，能够快速实现故障定位。数据包的本质是在对产品关键特性深刻理解、充分认识的基础上，用数据进行量化表征的结果，并在后续工作中不断地进行数据积累。在积累数据的过程中，应注重以下两点。

首先是关键特性的识别。在质量问题归零工作中发现一些产品的特性往往具有耦合性，表现为两个或两个以上特性共同影响产品功能、性能指标的实现，因此需要在产品特性识别的基础上，进一步梳理确认产品内部、产品间、系统与产品间以及系统间的特性耦合关系。对于一个型号，要形成型号的关键特性分解树，将关注的型号总体关键特性逐级分解为单机、部组件甚至元器件及原材料的特性要求，不仅要作为本级产品关注的重点，更要作为上游对下游管控的重点。

其次是数据包的建立。原则上产品的功能、性能以及可靠性数据应当通过检测、试验等手段直接获取，当某些数据无法直接获取时，就需要通过设计分析，将产品特性分解到可测的几何、机械、物理或化学特性。如果产品特性同样不可测，则应当进一步按照产品生产制造的工艺流程细化到关键的工艺特性和材料特性。

第二节　规范标准，建立数据管理系统

一、建立产品树和对应的故障模式标准

从可靠性工作的角度出发，需要统一掌握系统、整机、元器件的失效模式。目前，三者之间的界限变得愈加模糊，在研究失效模式时，应当统一考虑三个层次的产品。元器件的失效模式和机理往往是支撑整机FMECA分析的基础。同理，整机的失效模式和机理对于系统的作用也是如此。在对整机的设计、生产过程中通过对影响整机功能、性能的元器件失效模式

进行分析，并控制元器件的失效模式，能够有效提高整机的可靠性。

以某应答机为例，选用某项元器件内嵌存储功能模块。在轨运行期间，该应答机向地面接收站输出错误码，表现为应答机内器件转码时第7位和第8位出现误码（总共16位），该问题是由于内部存储功能模块受到高能粒子轰击出现瞬态失效而引起的。该案例中，应答机（整机级）的故障模式为错码，器件（器件级）的失效模式为转码错误。吸取类似问题的教训，对于某型号涉及存储功能的关键单机均采用软件以及硬件冗余设计保障技术。

对于电气整机而言，需要统一元器件的失效模式标准，才能对元器件的失效模式进行统计分析。元器件本身的可靠性管理同样需要确定统一失效模式的标准。20世纪90年代中期，航天一院在航天工业总公司元器件专家组徐书文的帮助下，制定了元器件失效模式标准，并以文件形式发布。1999年，我国颁布了由工信部电子五所起草的GJB 3781—1999《电子系统质量与可靠性信息分析和编码要求》，规定了电子产品包括元器件在内的失效模式标准。2005年，航天科技集团公司进一步完善了元器件失效程度和失效模式的分类及代码，发布了《电子元器件失效分类及代码》。

目前的故障模式主要是对不同层次的产品进行定义，整机、元器件都有各自的故障模式或失效模式。比如，整机的故障模式根据单机的种类和失效情景，一般可以划分为参数漂移、参数突变、绝缘下降、错码等；元器件的失效模式一般包括开路、短路、外观损伤、功能丧失、参数变化、结构破坏、绝缘不良、接触不良等。

开展系统的可靠性研究，首先要建立产品树，其次对于产品树的每一级产品均应明确相应的失效模式。以通用的陶瓷封装单片集成电路为例，该类产品可划分为由外引线、外壳、芯片、芯片连接、引线键合五个部分组成的二层结构产品树，如图1-2所示。对应于产品树的每一级产品和分支，都有对应的失效模式，如表1-2所示。

图1-2　陶瓷封装单片集成电路产品树

表1-2　陶瓷封装单片集成电路产品失效模式

一级产品失效模式：	
产品名称	失效模式
单片集成电路	开路、短路、参数变化、绝缘下降等
二级产品失效模式：	
产品名称	失效模式
外引线	断裂、腐蚀、可焊性不良、镀层脱落等
外壳	泄漏、结构破坏等
芯片	开路、短路、参数变化、绝缘下降等
芯片连接	脱落、剪切强度不合格等
引线键合	脱键、键合强度不合格、损伤、断裂、塌丝、搭丝、腐蚀等

　　根据研究的需求，产品树可以继续进行下一层级的划分，并确定相应的失效模式。划分的层级越多，故障定位越精准，但缺点在于难以积累数据，不利于规律的统计分析。对失效物理进行研究，分解的层级越多，越准确或深刻，而对质量和可靠性控制则要选择一个恰当的层次。

（一）外引线的失效模式

外引线的失效模式包括断裂、腐蚀、可焊性不良、镀层脱落等。

对于有引线封装器件，引线镀层起到防止本体金属氧化和沾污的作用，引线镀层的质量直接影响器件焊接的质量，通过引脚可焊性试验可检测出存在的质量隐患。在国军标（中国国家军用标准）允许的范围内，可能会错误地认为镀金层越厚越有利于防止氧化，在应用过程中却发现，镀金层过厚且除金不彻底时，易发生"金脆"现象，导致焊接强度下降。

金脆效应分两种情形。当铅锡合金中金元素浓度超过3wt%时，其延展性将大幅下降，相对的脆性则明显增强；另外，即便金元素的浓度低于3wt%，也可能存在由于金镍锡三元合金迁移积累而形成连续的呈脆性的（$Au_{1-x}Ni_x$）Sn_4合金层，导致焊接质量下降[1]。

曾经出现过某电路板上插装器件脱落问题，通过对焊孔内残留金属的分析发现，焊接形成的合金中，金元素含量过高，疑似出现"金脆"现象，对同批次产品引脚镀金层厚度进行测量，并对镀金工艺进行追溯，发现引脚镀金层厚度约4.5μm，虽然在国军标允许的范围内，但按照电装工艺要求，电装前的两次去金过程，并未能完全去除表面金镀层，导致出现"金脆"现象。在电装工序中如果对每个产品进行去金效果评估将影响生产进度，因此要从源头进行控制，对元器件引脚镀金层提出镀层厚度保持在1.3μm～3.5μm的量化的要求。在保证引脚基体材料不受外界不利因素影响的基础上，能够保证去金工艺达到去金效果，进而避免出现"金脆"现象。

在外壳加工工艺中，对于高密度有引线封装器件一般用引线框架固定引线，避免在电镀以及其他工序过程中对引脚产生机械损伤。在出厂前或电装前对引脚进行成型，使其与印制板上焊盘的尺寸相匹配。在成型过程中，模具与镀层的接触同样可能导致镀层破坏，而多次成型会增加引脚发生疲劳断裂的概率，因此无论是在产品的生产过程中还是在使用前都应当对成型模具以及引脚允许被加工次数做出明确规定。

在外引线成型工艺日益成熟的情况下，外引线成型结构尺寸的设计成为关注的重点。例如，某单机在温循试验后出现故障，问题定位于所使用的封装形式为QFP封装的接口电路。该器件封装尺寸较大，安装位置靠近电路板边缘，在温度变换条件下引脚所受的应力超过了焊接结构可承受的应力极限，导致其中一列的边缘引脚发生断裂。通过观测发现该器件引脚为"Z"字形，在焊接时，焊料爬升，由于引脚短小，导致在温度变化时封装体与基板之间的热失配导致的应力不能通过引脚进行有效释放，当应力超过焊接结构强度时，发生断裂。为提高引脚释放应力的能力，最终将引脚形状改进为"双Z字形"，在引脚上多加一个弯折，形成一个类似弹簧的结构（如图1-3所示）。通过后期的试验证明，该结构虽然没有改变机械强度，但却增强了引脚通过弹性形变吸收应力的能力，提高了焊接结构的稳定性。

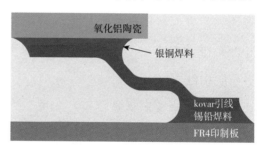

图1-3　"双Z字形"引脚形貌示意图

（二）外壳的失效模式

外壳的失效模式包括泄漏、结构破坏等。

封装壳体可以在一定程度上削弱周围各种力、热、电学应力对芯片的影响。壳体常用的材料包括陶瓷、金属以及其他用于光电或微波器件的专用壳体材料。陶瓷外壳一般用金属陶瓷共烧技术制造，目前常用的高温共烧陶瓷技术是在高温炉内生瓷片同钼或钼—锰等难熔金属在还原性气氛的保护下共同烧结制成。低温共烧技术则采用熔点较低的贵金属与生瓷片共同烧结，该类壳体在高频、微波电路中有明显的优势，但壳体的机械强度和导热率较差。

对于单片集成电路，通常采用盖板方式密封，盖板密封方式大体可以分为熔焊、钎焊、胶封和冷焊几种方式。气密封装常用的储能焊、平行缝焊均属于熔焊工艺。储能焊常用于小规模的金属封装分立器件，平行缝焊则是集成电路的首选。平行缝焊是一种电阻焊，两个滚轮电极与金属盖板接触形成闭合回路，整个电路的高阻点在电极与盖板接触处。电流在接触处产生热量，出现金属熔融，凝固后成为一连串焊点，从而实现气密封装。虽然使用镀金盖板可以增强盖板的整体抗腐蚀能力，但该类盖板在平行缝焊焊缝处的抗盐雾能力反而很差，因为Au与Fe元素电位差比Ni与Fe元素的电位差大，盐雾反应本质上是一种电池反应，电位差越大，反应程度越大，导致的缺陷腐蚀现象越显著。根据GJB 548B—2005标准的要求："密封元器件在盐雾试验中腐蚀缺陷总面积应小于或等于除引线外的任何封装零件涂镀或底金属面积的5%，实际操作中腐蚀缺陷面积通常采用估算法进行判断。"平行缝焊在盐雾试验中的失效情况较为普遍，是一个长期未能得到很好解决的难题[2]。基于上述平行缝焊的缺点，集成电路尤其是大规模集成电路更加倾向于采用焊片熔封的方式，在密封环处添加或集成金锡焊片，高温下即可实现盖板与陶瓷壳体的连接。

为保持技术状态的一致性，玻璃熔封工艺仍应用于部分功能简单的集成电路中。该工艺中芯片装片使用引线框架结构，外壳与盖板均为陶瓷材料，在高温下通过玻璃焊料熔融实现芯片与外界的隔离。由于工艺烦琐，整个产品需要遭受300℃左右的高温来达到熔融的效果，这会降低产品的质量和可靠性，该项技术逐渐被平行缝焊和熔封工艺取代。

盖板是盖板密封方式的主要零件，以金属盖板为例，其表面一般会有镀层用以保护基体材料。据统计，虽由于盖板导致的元器件失效案例相对较少，但是可靠性隐患仍然不容忽视。除之前所述的平行缝焊工艺过程会对表面镀层形成破坏，在常用的激光打标工艺过程同样会对镀层造成破坏。为彻底避免上述工序对盖板的破坏，提出了研发纯镍盖板的新思路，镍金属质地坚韧且具有高度的抗腐蚀性。目前，需主要解决的问题是镍金属与陶瓷外壳之间的热性能匹配问题，以及镍金属与通用密封工艺的兼容性问题。平行缝焊技术对盖板提出了更为具体的要求，包括：与底座焊环尺寸匹配、与瓷体拥有相近的热膨胀系数、尽可能低的焊接熔点、尺寸误差小、优良的耐腐蚀性、平整光洁等。目前，在空间应用过程中又出现了新的失效模式——金属盖板积累电荷导致放电发生，为此，要求盖板通过外壳内部共烧金属实现接地的外壳设计逐步成为共识。

密封腔体内部气氛的控制要求从21世纪初期的质量提升工程开始进行技术攻关，目前相关软硬件条件已经具备，需要控制的气氛包括水汽含量、氧气含量、二氧化碳含量以及氢气含量。理论上，上述气氛通过直接或间接的方式造成芯片的沾污和腐蚀，导致产品功能失效或性能超差。目前，除水汽外，其他各类气氛的影响尚缺乏系统的论述和验证，需要根据应用环境要求，提出适合的控制指标，避免不必要的成本投入。

（三）芯片的失效模式

芯片的失效模式包括开路、短路、参数变化、绝缘下降等。

在相关的国军标中明确要求芯片表面应通过二氧化硅或氮化硅实现钝化防护。对半导体表面进行钝化可以增强器件对外来离子沾污的阻挡能力，保护器件内部的互连以及防止器件遭受到机械和化学损伤，然而钝化层控制不好又会引起金属互联线的内部应力，使得金属线处于张应力的状态，因此要对表面钝化层的厚度以及工艺条件进行评估，寻求最为合适的工艺要素。

（四）芯片连接的失效模式

芯片连接主要指芯片粘接以及引线键合，其失效模式包括脱落、剪切强度不合格、焊接空洞面积过大等。

芯片粘接主要采用共晶焊、钎焊以及导电胶粘接方式。按照严格的定义，共晶是芯片背面的硅材料在与金属的摩擦过程中产生的一种共晶化合物，通过这种方式可以实现芯片与管壳的有效粘接。然而随着芯片尺寸的增加，共晶工艺实现过程中的机械接触容易对芯片造成物理损伤，因此局限于小尺寸芯片的应用。目前，钎焊和导电胶粘接工艺已经成为主流。导电胶中含有有机物和金属颗粒，在一定温度条件下能够固化，实现芯片的固定。导电胶粘接存在的常见缺陷包括空洞、氧化腐蚀、导电胶蠕变等[3]。同时，由于导电胶含有有机物质，在长时间保存或使用状态下，可能存在有机物分解的情况，这不但会降低焊接强度，还会对腔体内部气氛造成污染。

鉴于导电胶粘接工艺的上述缺点，采用钎焊焊片在高温条件下熔化实现芯片固定的粘接方式在高可靠领域得以推广，但是相对导电胶粘接，钎焊工艺不能够有效地缓冲芯片与陶瓷基板之间由于热膨胀系数不匹配而产生的应力，对于芯片面积较大的器件的应力损害更加严重。

声表面波（SAW）器件作为一种信号处理单元，在微波电路中起选频作用，在实现芯片粘接的同时，需要额外考虑粘接材料对波的吸收作用，以提高器件带外抑制能力。常用的导电胶以及钎焊工艺不能同时实现以上两种要求，需用环氧树脂或硅橡胶进行替代，这两种粘接材料均为有机物质，易受周围环境的影响，可能发生化学组分变化、有机物释气等现象，在实际工艺过程中仍需要进行充分验证。

（五）引线键合的失效模式

引线键合的失效模式包括：脱键、键合强度不合格、损伤、断裂、塌丝、搭丝、腐蚀等。该内容将在第三章中进行说明。

二、建立数据管理系统

在建立产品树和对应的失效模式标准后，要建立数据管理系统，即把质量问题归零报告及其相关文件的重要信息以结构化、数字化的方式进行表达，并建立适当的管理制度，便于对质量问题进行统计分析和规律总结。表1-3中展示了典型的元器件质量问题归零与经验教训信息卡，可作为数据管理系统采集的一个模板，用以提炼相关的数据信息。

表1-3元器件质量问题归零与经验教训信息卡

问题名称					
失效产品背景	失效时间	失效阶段	失效地点	最终应用客户	整机生产客户	整机设计单位
	（字典选取）	（字典选取）				
	产品名称	产品型号	产品规格	生产批次	质量等级	详细规范名称
				（字典选取）	（字典选取）	
	详细规范代号	总规范名称	总规范代号	交付时间	验收单位	
				（字典选取）		
失效现象	现象描述			失效模式	（字典选取）	
失效环境	工作时间	温度	力学环境	其他工作环境		
失效机理	失效机理描述	失效特征	失效分析结论	失效分析单位	失效分类	
		（失效部位多媒体记录链接）	（失效分析报告链接）		（字典选取）	

续表

失效原因	序号		原因		原因分类	定位分析图	（故障树等图链接）
					（字典选取）		
					（字典选取）		
					（字典选取）		

失效原因分类	主要原因	（字典选取）	第二层	（字典选取）	次要原因	（字典选取）	第二层	（字典选取）
	管理因素	（字典数据选取）						
	失效性质							

不符合的技术标准、规范	技术标准、规范名称	标准或规范代号	条款号	内容

不符合管理标准、规章制度	管理标准、规章制度名称	标准或规范代号	条款号	内容

归零措施	纠正	序号	内容
	纠正措施	序号	内容
	处理单号	（问题处理单链接）	

技术准则或禁忌	技术准则或禁忌	
	序号	条目

归零文档	失效分析报告	链接文档
	质量问题技术归零报告	链接文档
	质量问题管理归零报告	链接文档
	涉及归零的其他技术处理单等文件	链接文档

填卡人		填卡日期		校对人		校对日期	
审核人		审核日期		批准人		批准日期	

第三节 提高元器件可靠性的主要途径

目前，提高元器件可靠性普遍采用的方法有三种。第一种是通过统计过程数据，来评估元器件在设计、生产过程中的控制情况，寻找薄弱环节并对其进行改进；第二种是通过可靠性增长试验，诱发产品失效，对失效样品进行分析，查找失效原因，改进后再次进行试验，在解决已有问题的同时查找新的失效原因，如此周而复始；第三种是对元器件的现场失效进行分析，通过分析查明其失效原因，由于考虑了应用环境因素，这种分析方法往往针对性更强，纠正措施也更加有效。

航天系统历来重视对元器件现场失效的研究，通过归纳总结，提炼出各类产品的典型失效模式，并以此为线索，开展专项质量提升工作，形成以控制失效模式为主要途径的可靠性提升工作机制，并取得了显著的效果。以下列举几类已经得到有效控制的失效模式。

一、外引线腐蚀断裂失效

早期，元器件外引线腐蚀断裂多次出现，是一种典型的失效模式。某晶体管外壳镀金层针孔较多，在长期存放过程中，空气中的水分通过针孔与基体金属发生化学反应，导致外引线锈蚀，最终形成批次性问题。又如，某继电器外引线在装机前断裂掉落，经查该产品在电镀时的"上挂"工序中引力外引线镀层缺陷，缺陷部位吸附空气中的氯离子，氯离子腐蚀最终导致继电器外引线发生腐蚀断裂脱落。

元器件外引线腐蚀断裂主要由小孔腐蚀、浓度差电池腐蚀、应力腐蚀、氯化物污染加速腐蚀等原因造成，涉及元器件外引线的选材、电镀工艺、存放环境以及使用条件等诸多因素。

控制元器件外引线腐蚀断裂应从设计选材抓起，明确镀层结构及设计参数（致密度、厚度等），通过对设备和工艺改进，重点抓镀层质量控制，同时在制造和测试过程中还要减少对外引线的弯曲次数、杜绝大角度弯曲，最后还要明确对引线防护涂层的要求。

二、内引线键合开路、短路失效

早期，半导体器件中内引线开路、短路以及破坏性物理分析中键合强度不合格的问题占有相当大比例。例如，某运算放大器内部使用内涂料对芯片表面进行保护，引线柱上的键合点颈部位置与涂料之间产生的热失配应力将键合丝拉断，造成开路。又如，某电压调整器由于调整端内引线键合压点距离键合区域边缘过近，致使内引线与划片槽搭接，形成输出短路。

造成内引线键合开路、短路失效模式的主要原因：一是设备条件未能满足高可靠产品设计生产的要求，人为影响因素过多；二是缺乏科学的管理和分析方法；三是不合理的设计导致的可靠性隐患。

在航天元器件可靠性增长工程中，对上述问题进行了系统改进，改进措施包括：推广应用稳定的自动化键合设备；在过程控制方面，明确工序能力指数C_{PK}要大于1.33的要求；通过工艺攻关，解决键合界面的可靠性问题；等等。

三、内部腐蚀导致的开路或漏电失效

20世纪90年代至21世纪初，半导体器件内部腐蚀造成的开路或漏电作为典型的失效模式一度占到了所有批次问题的20%。例如，某晶体管腔体内水汽含量严重超标，导致内部金属互连引线及键合区腐蚀，引起发射极—基极开路失效。

元器件内部互连引线金属腐蚀或漏电增大与多种因素有关，如管壳表面沾污、内部水汽或其他有害气体含量偏大等。针对这些失效原因，提出内部水汽含量的指标控制要求，明确在半导体分立器件、集成电路的质量一致性检验中要增加内部水汽含量分析，并结合实际确定逐步向国军标要求过渡的抽样方案及标准，牵引元器件生产单位的设备改造和工艺改进，最终满足国军标和用户要求。

上述失效模式得以有效控制，得益于科学合理的失效模式控制方法。然而，机电元件多余物问题以及电容器漏电等问题仍未得到有效解决。近年来，电磁继电器失效总数的60%以上是由多余物导致的开路、短路、参数超差，这些仍是元器件失效的"重灾区"，需要继续贯彻失效模式控制的工作原则。

近年来，元器件的复杂程度不断提高，由此带来许多新的可靠性问题，如果不了解这些元器件的失效模式，就不能采取有效的防范措施。

（一）混装电连接器的接触件损伤

相对于仅传输单一信号的电连接器，混装电连接器可将不同频段、不同功能电信号进行集成和小型化设计，可实现多种信号的集中传输。统计表明，占电连接器总用量不足1%的混装电连接器所导致的质量问题占到电连接器质量问题总数的17.9%。其主要原因是产品设计可靠性不高，高频接触件相应的接触件物理尺寸、刚度及其对准精度的要求比较高，但大部分混装电连接器是在传统的低频电连接器上，加装同轴接点进行改装，这使得同轴接点的对准精度没有得到充分保证。

（二）表面安装器件的外引线应力损伤

自主研制的元器件在使用中遇到的较为普遍的问题包括器件尺寸匹配（包括尺寸差异及外形结构差异）、功能性能、系统匹配性等。其中，由于元器件外形结构引起的问题数量接近总问题数的一半，集中表现为以CQFP封装形式为代表的拥有大量I/O引脚的大规模集成电路引出端应力损伤问题。常见的元器件失效模式表现为由于集成电路封装引出端设计不当或板级安装方式不当，导致临近集成电路封装边角处的引线或陶瓷材料无法承受实际应用中的温度、振动等环境应力，致使引脚断裂等问题发生。

（三）大规模集成电路内引线搭接

集成电路中芯片特征尺寸持续缩小，键合丝之间的间距也越来越小。在振动、冲击等应力条件下，部分键合丝在特定频率下会出现共振，振幅增加，并与相邻的键合丝"搭接"，引起内引线短路。针对此种失效模式，一方面应采取措施优化键合引线布局，另一方面可对键合引线采取真空镀膜等工艺进行绝缘处理，提高键合引线抗振动能力，并预防短路。

随着元器件生产工艺的不断进步以及产品小型化、集成化的发展趋势，未来一定时期内航天电气系统的可靠性问题仍然较为集中地出现在元器件方面。技术的发展将会使得可靠性保障工作面临新的挑战和要求，但是提炼并控制失效模式将仍然是提高元器件质量和可靠性的有效手段。

参考文献

[1] 何政恩, 萧丽娟, 高振宏，等. 金脆效应对焊点影响之讨论[J]. 电子材料杂志, 2002, 13(3): 73–78.

[2] 肖汉武. 平行缝焊焊缝质量的评判[J]. 电子与封装. 2015, 15(2): 5–11.

[3] 严钦云, 周继承, 杨丹. 导电胶的粘接可靠性研究进展[J]. 材料导报, 2005, 19(5): 30–33.

第二章

看似简单，但失效时常发生
——电子元件的典型失效模式

⋀ 电容器漏电

⋀ 电连接器内部多余物问题

⋀ 混装电连接器的接触对损坏问题

⋀ 电磁继电器内部多余物问题

电子元件包括电气元件和机电元件，与电子器件相比，电子元件工作时自身不产生电子，也不对电压或电流起变换或控制作用。虽然电子器件在电子设备中的作用越来越重要，但电子元件仍然发挥着不可替代的作用。表2-1是近几年来，实际遇到的元器件现场应用失效按专业分类的统计表，从表中可见，电子元件包括电容器、电连接器、继电器、电阻器等元件的失效比率高达58.6%。其中现场失效最多的三个类别分别是电容器、继电器和电连接器。主要原因有以下两个方面：一是电容器在电子设备中用量最多；二是以电连接器、继电器为代表的机电元件制造工艺的自动化程度普遍较低，人为因素导致的失效比例较高。在这三类元器件中，电容器的漏电问题、电连接器的接触对损坏及多余物问题、电磁继电器的多余物问题，是当前较为突出的问题，虽然历史上采取了不少措施，但这些可靠性问题仍未得到彻底解决。

表2-1 元器件现场应用失效分布情况统计表

种类	集成电路	电连接器	继电器	电容器	光电器件	频率元件	分立器件	电阻器	敏感元件及传感器	其他	合计
占比(%)	33.8	26.6	17.5	5.7	4.6	3.8	3.0	1.9	0.4	2.7	100

第一节 电容器漏电

电容器在电路中起耦合、滤波、旁路、储能等作用。按介质材料的不同，电容器可分为无机介质电容器、有机介质电容器和电解电容器。一般认为电容器失效主要有：开路、短路、结构破坏、功能丧失、参数变化、接触不良等模式。早期通常认为开路是电容器的主要失效模式，然而在实际应用中发现情况并非如此。表2-2是2011年以来9项电容器现场失效问题统计数据，并没有一例是开路失效模式，而短路或漏电则呈现为主要的失效模式，占比达到66.7%，这两种失效模式具有内在关联性。

表2-2　电容器现场失效问题统计表

失效模式	数量	失效机理
短路	4	介质层存在缺陷或裂纹
结构破坏	2	安装不当致引线断裂，引线根部有异物
功能丧失	1	内电极断裂
参数变化	1	焊接处裂开，有机物进入内部，引起容值增大
接触不良	1	端电极与内电极接触不良

一、金属迁移导致漏电

引起电容器漏电，甚至短路的原因，主要是固有缺陷导致的金属迁移，也有外部原因导致的金属迁移。

（一）固有缺陷导致的金属迁移

2009年，某电子设备发生故障，问题确认过程中，再次加电几分钟后，设备恢复正常。经分析，设备发生故障的原因定位于一只云母电容器漏电，解剖检查该电容器内部各层云母片，发现最外层云母片上存在两个孔洞，该孔洞属于云母片本身缺陷或是在加工过程中造成的损伤，云母片孔洞形貌如图2-1、图2-2所示。云母片孔洞缺陷在初始阶段不影响电容器正常功能和参数，但在整机长时间低电压作用下，电极层银离子沿缺陷部位发生电迁移，在缺陷部位处形成低阻通路导致设备故障。该通路会在电流作用下被烧断，致使电容特性得以恢复，这也是设备在故障发生后的问题确认过程中，恢复正常的原因。

图2-1 云母片正面孔洞形貌

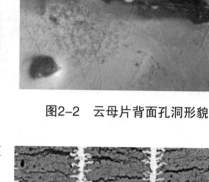

图2-2 云母片背面孔洞形貌

2010年，某片式瓷介电容器在补充筛选时发现漏电流严重超差。通过金相分析，观察到该电容器介质层中存在明显的缺陷和裂纹，内电极金属已沿缺陷迁移，存在电极迁移现象的电容器剖面形貌如图2-3所示。

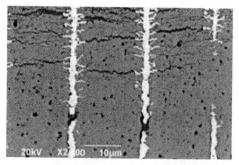

图2-3 瓷介电容器瓷体缺陷

对瓷介电容器而言，微缺陷的产生主要与陶瓷浆料的烧结有关，内电极金属层与陶瓷介质烧结时收缩不一致，导致瓷体内部产生微缺陷。陶瓷粉料和有机黏合剂的比例、烧结温度和压力也可能导致陶瓷中出现空洞及其他缺陷，在使用过程中，随着通电次数和时间的增加，缺陷处漏电流将逐步增加，电容器内部的温度升高，造成介质损耗增加，又进一步引起温度升高，从而加速内电极金属发生迁移，直至短路。

（二）外应力损伤或应用不当导致的金属迁移

2007年，某片式瓷介电容器出现短路失效。制样后对剖面进行观测，发现介质层中存在贯穿性裂纹，裂纹中内电极材料清晰可见，说明在电场作用下已沿裂纹通道产生迁移，使得相邻内电极搭接，内部裂纹形貌如

图2-4所示。

图2-4　瓷介电容器瓷体开裂及漏电通道

电容器瓷体开裂的主要原因是瓷体韧性相对较低，耐机械应力能力不足。当操作不当或者环境试验应力使印制电路板发生弯曲时，电容器随之产生形变并在端头和内部产生机械应力，导致电容器端头形成微裂

**图2-5　钽电解电容器
内部形貌（顶面）**

**图2-6　钽电解电容器
内部形貌（侧面）**

纹，此后的热应力以及机械应力会导致裂纹继续扩大。另外，若焊接时没有对电容器进行预热处理，剧烈的温度变化产生的应力也会破坏产品结构，在产品表面产生裂纹并向内部传播，一旦出现裂纹，就构成相邻内电极材料沿裂纹处迁移的条件。

2007年，某电子设备单机加电时，输出电压超差，问题定位于一液体钽电解电容器漏电流超差。经分析，钽电解电容器内部的顶面和侧面存在"树枝"状的银离子迁移产物，具有银白色金属光泽，包含银离子迁移产物的电容器内部形貌如图2-5、图2-6所示。

进一步的失效分析表明，该电容器漏

电增大是由于线路受到了反向电压。液体钽电解电容器通常采用高纯度银外壳作为电容器引出阴极，当向两端电极施加反向电压或不对称的纹波电流时，由于钽—银之间的电位差，银外壳在酸性溶液作用下溶解出银离子，并发生迁移，即"银离子迁移"现象。这些离子最终会沉淀在阳极介质表面，在介质膜层缺陷处形成导电通道，引起漏电流增加，进一步发展的后果就是短路。

另外，应用中的浪涌电流也会造成钽电解电容器的失效，尤其是作为电源滤波电路的钽电解电容器。电源开关时会产生瞬时大电流，在电流冲击作用下，电容器氧化膜上的杂质缺陷处易产生介质击穿，主要表现为以下两种现象。

第一，击穿部位漏电流会迅速增大，内部温度急剧升高，最终出现电容器短路烧毁，外观上表现为模压塑封料变色、发黑。

第二，电容器击穿部位在持续通电和发热状态下，内部与之接触的氧化膜二氧化锰发生如下化学反应[1]：

$$4MnO_2 == 2Mn_2O_3 + O_2 \qquad (2-1)$$

导电性能良好的二氧化锰经化学反应后转化为导电性能差的三氧化二锰，使其与周围区域产生电隔离，出现氧化膜"自愈"现象，将使得电容器功能自动恢复，但其承受功率的能力会降低，电容量也会减小。在受到浪涌电流或高温影响时，失效概率会增大。

二、介质层缺陷导致短路

2009年，某电源设备在正常供电工作过程中发出了明显的烧焦气味，问题定位于一只固体钽电解电容器短路。电容器短路是由于内部介质层存在缺陷，在加电时缺陷处漏电流增大，温度升高，最终烧毁，烧毁形貌如图2-7所示。

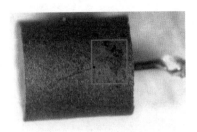

图2-7　固体钽电解电容器
表面击穿烧毁

图2-8　固体钽电解电容器
烧毁表面

图2-9　固体钽电解电容器
烧毁后表面产生多余物

　　2013年，类似问题再次发生，某固体钽电解电容器在单机加电过程中，发生爆裂，电路板上残留了多余的金属丝和焊锡渣，如图2-8、图2-9所示。金属多余物有可能导致设备出现短路现象。爆裂原因仍然与介质层缺陷相关。

　　上述钽电解电容器的失效均是由介质层中存在的较为严重的缺陷引起的，这些缺陷在生产过程中产生，属于产品固有可靠性问题。

　　事实上，钽电解电容器在正常情况下都会存在微量缺陷，在加电时通常存在纳安量级的漏电流，当漏电流导致的温升和钽电解电容器散热能力达到热平衡时，钽电解电容器可长期正常工作。

　　在钽电解电容器阳极氧化膜制作工艺中，无定型Ta_2O_5介质层上会出现局部晶化点，在电场作用下，局部晶化点处的漏电流会增加进而产生局部发热，直至发生雪崩式击穿，具体如图2-10所示。若钽粉中铁、氧、氢等元素的含量较高，这些杂质在阳极赋能过程中将生成氧化物存留于介质氧化膜中，在一定条件下会形成导电通道，使得介质层的介电常数下降，抗浪涌电压能力也会被削弱。

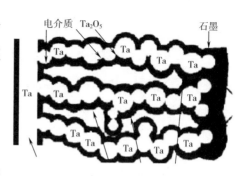

图2-10　钽阳极和介质层结构

三、电容器的选择控制

针对电容器的失效模式，在选择上要遵守一定的原则。

（一）不宜选用长宽比大于2以及1206尺寸的片式瓷介电容器

片式瓷介电容器瓷体开裂的原因之一是瓷体韧性低，有引线的电容器安装过程中的应力可通过引线释放，而片式电容器安装后应力完全由电容器本体承受，若使用过程中对电容器施加热应力或机械应力，极容易引起电容器瓷体断裂。瓷体断裂的强度可表示为：

$$P = \frac{2\gamma WT^2}{3L}\ (\text{N}) \tag{2-2}$$

其中，W为电容器宽度（mm），T为电容器厚度（mm），L为端电极焊点间距离（mm），γ为弯曲应力。由公式（2-2）可知，电容器宽度和厚度越大，长度越小，瓷体的断裂强度越大，反之，越是细长的片式瓷介电容器，越容易开裂，因此，在电容器选用控制时，应尽量避免选用长宽比超过2的片式瓷介电容器。

此外，在长宽比为2的各类片式瓷介电容器中，验证试验和统计数据表明，其中的1206尺寸的电容器出现瓷体开裂的概率较高。该尺寸电容器长度为3.2mm（含端头），厚度为1.5mm，与0805尺寸的厚度相同，安装后机械强度却比其他尺寸电容器小，因此，也建议尽量避免使用。

（二）优先考虑选择全钽电解电容器和高分子固体钽电容器

全钽全密封钽电解电容器与普通银外壳液体钽电容器在结构上最大的区别是前者采用钽外壳作为引出阴极，避免了由反向电压或不对称纹波电流导致的钽—银电位差问题的发生，能够承受小于3V的反向电压；同时全钽全密封钽电解电容器具有性能稳定、承受纹波电流能力和抗振动冲击能力强等优点，因此应优先选用前者。

高分子钽电解电容器和普通二氧化锰钽电解电容器在结构上的根本差别在于前者采用导电高分子材料取代二氧化锰作为阴极材料。由于导电高分子材料的电导率（1～100S/cm）远高于二氧化锰（0.1S/cm），因此高分子钽电解电容器具有低的等效串联电阻（ESR），高频特性好，可承受更大的纹波电流，不易引起漏电问题，加之主要失效模式是开路，因此对整机可靠性的影响较小，因此，高分子钽电解电容器是一种较为理想的电容器。

（三）优先选用金属支架瓷介电容器

随着材料技术的发展，最新面世的表面安装瓷介电容器的容量可高达100μF，大容量瓷介电容器逐渐开始替代部分传统电解电容器的应用。然而，随着电容量的持续增大，在安装尺寸不变的条件下，瓷介电容器的厚度和重量却成倍增加，这种结构会造成安装后电容器所承受的热应力和机械应力水平显著增加，易造成电容器端头和瓷体表面开裂。目前通常使用金属支架瓷介电容器来解决此问题，该类电容器外观结构如图2-11所示。瓷介电容器通过焊料与金属支架连接，

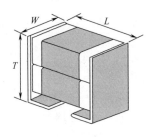

图2-11　金属支架瓷介电容器

金属支架再与PCB板焊接，应用过程中产生的应力可通过支架释放，可规避大容量电容器可能面临的机械应力。因此，在选择大容量瓷介电容器时，建议优先选择金属支架瓷介电容器。

四、电容器的用户检验控制

为了提升电容器的质量水平，降低现场失效发生的概率，加强用户检验控制水平显得尤为必要，以下重点针对若干相对通用的检验控制原则进行说明。

（一）增加片式瓷介电容器机械强度考核试验，加严温循试验条件

为保证电容器机械强度满足应用要求，在质量一致性检验中应增加端面镀层结合强度考核和随机振动试验考核。在端面镀层结合强度考核试验中，将电容器安装于图2-12所示的装置上，在一定的弯曲状态下测试电容量，试验结束后检查瓷体结构的完整性。随机振动试验则能够模拟实际振

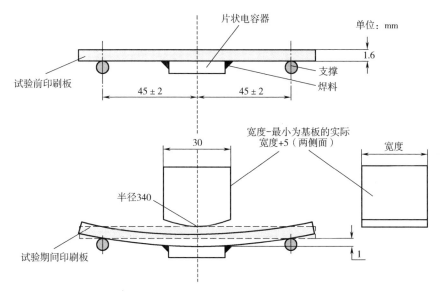

图2-12 端面镀层结合强度试验示意图

动受力环境，以检验电容器的机械强度。

另一方面，在温度循环试验中，若使极限温度的转化时间小于1min，强烈的热胀冷缩应力会使得瓷体脆弱部分充分暴露，该试验可用于考核电容器的适用性。

通过上述考核，可以及早发现潜在的缺陷，避免有质量隐患的产品应用于航天产品。

（二）提高瓷介电容器耐电压考核条件

国军标中规定，瓷介电容器介质耐电压试验中应对产品施加2.5倍的额定电压，主要监测有无击穿、飞弧等现象。一般情况下，该电压不足以造成电容器击穿。由于部分国产电容器一致性相对较差，耐电压余量设计不足，当施加的电压提升至3倍额定电压时，能够剔除少部分耐压余量小的产品，而且当试验电压升高后，会使存在缺陷的瓷介电容器漏电流增大，通过检验漏电流值，可评估电容器质量和可靠性。

（三）增加瓷介电容器超声扫描筛选

在无限均匀的弹性介质中，超声波以一定的速度沿着固定的方向传播。当其遇到障碍物（即缺陷）之后，超声波会与障碍物发生作用使传播路线发生改变。这种相互作用的结果使得缺陷处成为一个二次波源，超声波在此处会向各个方向发出散射波，通过对散射波的检测即可发现有缺陷的产品。瓷介电容器中缺陷（图2-13中白点A和白点B）产生的波形如图2-14所示。超声扫描筛选是发现瓷介电容器内部缺陷的有效方法，在早些年已经开始应用。

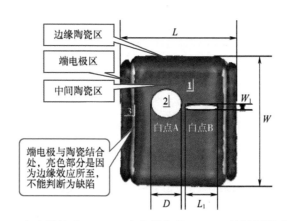

注：L——电容器长度、W——电容器宽度、D——较规则圆形白点最

大尺寸长度、L_1——带状白点最大尺寸长度、W_1——带状白点宽度

图2-13　电容器超声扫描图像示意图

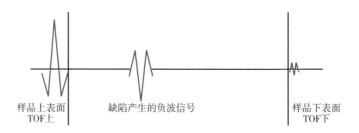

图2-14　缺陷产生的波形信号

（四）提高钽电解电容器漏电流检查标准

钽电解电容器介质层中的缺陷数量，宏观上可由电容器漏电流的大小

来表示，因此在某种程度上可以由漏电流大小来反映有缺陷的产品品质。

钽电解电容器漏电流为：

$$I_0 = KUC \qquad (2-3)$$

其中K是漏电流系数，U是电压，C是电容量。

在实际测试中，大部分电容器的漏电流小于$0.3I_0$，只有极少数电容器

的漏电流大于$0.5I_0$，虽然仍然符合筛选要求，但在实际应用中发现，这部

分电容器发生失效的概率较高。因此，在常温和高温筛选时，将钽电解电容器的漏电流控制为$0.25I_0$（漏电流系数减半），可剔除极少数存在安全隐患的电容器。

五、电容器应用可靠性控制

（一）降额设计

电容器两端所施加电压超过额定值时，介质层性能下降甚至被破坏，因此在使用时，电容器应当按GJB/Z 35《元器件降额准则》或产品手册推荐值进行降额设计。对于钽电解电容器，如应用于低阻抗电路和快速充放电电路中时，建议将电压设定在额定电压的1/3以下，防止电路中的纹波对介质层造成损伤。

（二）高可靠要求的真空环境下应慎用钽电解电容器

液钽电容器中有导电酸性液体，若产生漏液，会使印制电路板上互联线条间产生短路，另外这种液体可分解释放气体，在真空环境下若气体膨胀可能会引发爆炸。

无论固钽或液钽电容器，在高可靠环境中应用时，可采用图2-15所示的接法，使两个电容器串联，即使其中一个短路，另一个还可正常工作，

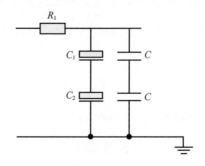

图2-15　提高钽电解电容器可靠性的接法

达到以牺牲重量和空间来提高可靠性的目标。目前在多数使用情况中，再串联一个5Ω～20Ω的限流电阻，效果更好。

（三）禁止对钽电解电容器施加反向电压

钽电解电容器氧化膜具有单向导电性和整流特性，施加反向电压会破坏氧化膜的晶向，改变其导电率，最终产生较大的漏电流。若施加的反向电压过大，会造成电容器击穿失效，使用中应严格控制反向电压，且禁止使用万用表电阻档对有钽电容器的电路或电容器本身进行不分极性的测试。

有极性钽电解电容器必须隔离包装，因为电容器在测试过程中会进行充放电，若测试后放电不充分，在运输或存储过程中与其他电容器接触，将使得负极发生放电，极易造成介质氧化膜损伤，所以应避免电容器引线或引出端之间相互接触。

在测试、使用过程中，如不慎对液体钽电容器施加了反向电压或对固体钽电容器以及全钽电容器施加了超过规定的反向电压，即使其各项参数仍然合格，也应作报废处理，因为由反向电压造成的软损伤有一定潜伏期，在后期使用中还会造成漏电流增大。

（四）选择合理的电装工艺

如果电装工艺选择不当，会在电容器端头产生机械应力，容易使电容器开裂。焊接工艺应优先选用载流焊接和波峰焊接，不宜采用手工焊接，因为手工焊接过程中由于焊锡连接点的焊接温度和焊锡量的差异，易在电容器端头产生大的热应力。若必须采用手工焊接，应控制焊接温度，同时PCB板和电容器均应采取预热措施，预防两者热膨胀系数失配导致残存热应力过大。

第二节 电连接器内部多余物问题

电连接器能够实现器件与器件、组件与组件、系统与系统间的电气连接和信号传递，是构成完整系统的基础元件。"多余物"是指产品中存在的由外部进入或内部产生的与产品规定状态不符的物质。对近3年元器件质量问题进行统计，电连接器质量问题占元器件质量问题总数的30%，其中由于多余物导致的质量问题占总数的15.6%（多余物问题数占比超过电连接器所有质量问题的一半），故障现象包括电性能下降、分离力偏大、接触件卡滞连接不到位等。

电连接器中的多余物往往处于隐蔽状态，需借助X射线或显微镜等光学分析仪才能观察到。一些多余物在原位置上不影响产品性能，但一旦发生移动或脱落到电子装备中，就会形成新的风险源。

一、典型案例分析

（一）设计上存在隐蔽结构，工艺上又没有针对性的措施

某产品在进行状态检查时，发现1只分离脱落电连接器插头壳体与绝缘板间存在长约4mm的金属多余物，如图2-16所示。经化学成分鉴别，确定该多余物是在产品插座生产过程中产生的。

图2-16　多余物记录

该插座主要由防焰片组件、插座壳体、绝缘体组件、插座电缆罩、锁套等零件组成。分析表明，产品设计结构在凸筋或退刀槽等位置存在隐蔽结构。机械加工过程中，凸筋部位的毛刺未去除干净，在后续电连接器"插拔"过程中，毛刺脱落形成多余物。易产生毛刺部位如图2-17所示，凸筋棱边底部及退刀槽处均为隐蔽结构，容易积存多余物。

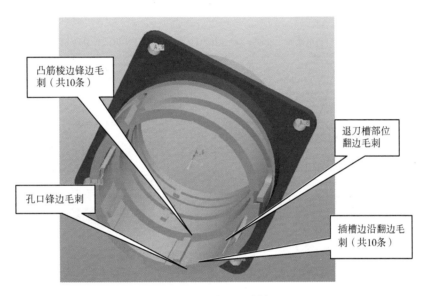

凸筋棱边锋边毛刺（共10条）

退刀槽部位翻边毛刺

孔口锋边毛刺

插槽边沿翻边毛刺（共10条）

图2-17　易产生毛刺部位

为防止多余物引起可靠性问题发生，后续采取如下处置措施。

第一，改进插座壳体表面处理方式，采取与插头壳体相同的喷砂、镀镍处理技术。

第二，编制去毛刺工艺规范，明确去毛刺时操作要求及注意事项。

第三，完善切削工艺，并在切削工艺检验工序中明确检查要求：检验壳体内部毛刺时，用带5倍放大镜的台灯，确认凸筋部位无毛刺；检验壳体外观，确认零件内外表面无毛刺、划痕。

（二）过程控制不严，多余物导致分离脱落电连接器机械分离力超差

某厂在对分离脱落电连接器插头手轮组件返修过程中，进行机械分离力测试，发现机械分离力偏大，指标要求应在35N～100N范围内，复测前4次测得机械分离力分别为132.5N、152N、155N、160N，第5次上锁后，将手轮倒退45°，测得机械分离力为160N，分离脱落电连接器结构如图2-18所示。

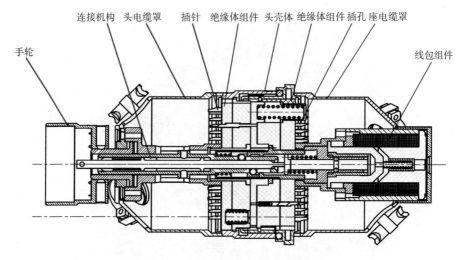

图2-18 某分离脱落电连接器结构图

机械分离力超差是由于产品衬套和拉杆之间存在金属多余物。正常工作情况下，连接器的拉杆与衬套具有良好的同心度，机械分离时，拉动拉杆仅需要克服分离弹簧提供的弹簧力及较小的摩擦力即可，此时拉杆后缩，钢珠落位，产品头座分离。当产品拉杆和衬套之间存在多余物时，会降低拉杆与衬套之间的同心度，从而增大产品拉杆和衬套之间的摩擦力，最终导致机械分离力增大。

在分离脱落电连接器装配过程中，为降低摩擦力，会在弹簧、衬套、拉杆等零件装配前使用毛刷涂抹润滑油脂。问题产品在装配过程中，对弹簧进行涂抹润滑油脂时，会将未去除干净的金属毛刺带入油脂，随后装配工用该油脂对拉杆进行涂覆，金属毛刺则会通过毛刷黏附在拉杆表面，形成多余物。

（三）设计结构有缺陷，工艺上无措施，漏胶导致分离脱落电连接器开路

某分离脱落电连接器在插头与插座对接手轮打滑后（表示连接已到位），部分接点不导通。检查外观发现插头座对接面左右间隙不对称，对接面有倾斜现象，间隙最大处约2mm，最小处约1mm，正常产品插合到位后，头座对接面左右间隙应均匀一致。

将故障插座与2只合格的插头进行插合试验，插合后头座对接面左右间隙不对称，对接面有倾斜现象，均无法插合到位；后将上述2只插头与其他合格的插座插合，均能插合到位，因此，判断问题产生在插座上。

对插座结构尺寸进行检查、测量（包括锁套高度、弹簧顶套深度等），相关数值均符合设计要求。随后进行机械解剖，如图2-19所示。发现如图2-20所示C点部位四分同轴密封后套与绝缘体接触面之间存在高约为2mm的多余物，材料为聚氨酯胶。

图2-19 插座解剖图

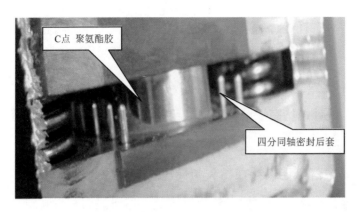

图2-20　插座上背面层漏胶

聚氨酯胶来源于插座绝缘板背部，用于实现接触对焊接面的密封，由于出现漏胶，活动层的正常平移受阻，使插座的活动层组件与背面绝缘板组件不能正常插合到位，使得C点附近部分接触件接触长度不够，部分接点不导通。在进行导通性测试时，又出现漏检，因而故障插座未被剔除。

造成该问题的原因是设计的结构存在漏胶的可能，工艺上又未采取控制措施。为此，首先需要进行设计结构更改，在安装小插针的绝缘板孔口倒 $0.5 \times 45°$ 角，使聚氨酯胶处于倒角的锥孔内，防止形成漏胶通道；其次完善装配工艺，明确检验要求（如图2-21所示）。

图2-21　改进的防漏结构

二、电连接器多余物的防控

从上述案例，可以得出一个结论，多余物的问题需要系统治理，在设计、工艺、生产、检验、验收、使用等过程都要采取措施。

（一）设计

设计者应总结多余物的种类和形成特点，明确易产生多余物的环节，对多余物敏感的零件、组件、部件、成品结构进行总结，从而在设计上防范多余物的产生。

（1）应积累防范多余物的设计准则，并遵循设计准则开展可靠性设计，同时，设计者应对生产条件和生产环境提出要求。

（2）在连接或配合部位，例如螺纹连接处，避免使用硬度偏差过大的材料，防止出现切削效应。

（3）对引线焊点等易损伤部位采取保护措施，避免其在运输和使用过程中出现损伤。

（4）对可能产生多余物，且不能改进设计结构的，工艺上必须明确可靠的排除措施。

（二）工艺

工艺人员编制工艺文件时，应根据产品特点，规定控制多余物的方法及检验要求，对有可能产生多余物的工序，应编制预防、清除和检查多余物的细则，明确规定清除方法和检查要求。

（1）工艺文件中应明确规定针对待装配零、部、组件的检验工序以及检验标准，包括：表面不允许存在毛刺、尖角，孔中不应夹杂金属屑，表面涂层不应锈蚀等。

（2）明确去除毛刺等多余物专用的刀具、夹具及其操作方法。

（3）无论是激光刻字还是机械刻字，都要及时清理多余物，激光刻字时要依据材料性能，合理确定工艺参数。

（4）在零部件及其他产品周转、存储环节，明确防护要求。

（三）生产

零、部、组件的生产要遵守控制多余物的规定。报废的零部件、工艺件以及协调用的样件等，要及时回收，做出标记，并隔离保管。

（1）生产区域应加强管理，避免与装配无关的物品出现在装配现场，并明确洁净度要求。

（2）建立岗位责任制，明确操作人员、检验人员的多余物控制责任。

（3）完善机械加工过程中的首尾件和中间件的检测要求，以及发现异常后的处理要求。

（4）完善作业指导书，明确产品装配前、装配完成后，对零部件及其他产品的检查要求。

（5）对产品内部的非金属导电部件，规定毛刺接收判定标准，防止形成导电多余物。

（6）零件装配完成后应进行吹扫处理。

（四）检验

（1）检验人员应对生产、操作过程中是否严格执行设计文件、工艺文件进行监督。

（2）主要装配工序完成时，应进行多余物检查；成品检验时，应对零件的盲孔、相交孔、沟槽、缝隙处按工艺文件要求仔细检查。

（3）对检验过程中发现的多余物，相关记录要清晰、完整，妥善保管并及时归档。

（4）内部采用接触件转接结构的电连接器，生产过程或A组检验中，应100%进行接触电阻测试。

（5）加工时产生的圆弧状金属切屑可能使得不相邻接触件之间短路，绝缘耐压测试检查应能够在任意相邻接点与外壳之间都能检查到。

（五）用户验收与使用

（1）外观检查时采用10倍放大镜。

（2）检查多余物关键工序的控制记录。

（3）分离脱落电连接器筛选试验及交收试验分别增加20次"插拔"试验。

（4）接触件任意点间100%进行绝缘电阻测试。一般所加试验电压应为500V±50V。同轴接触件的绝缘电阻测量应按规定在内外导体之间进行。

（5）装配前应注意清洁与防护，在电缆与电连接器装配前应使用吸尘器吸除电连接器内部多余物，焊接时应倾斜固定工装，防止焊剂流入插针和插孔部位，影响电接触，焊接后应将助焊剂清洗干净，尾罩与线束的间隙应按规定填充介质。

（6）电连接器与电缆的连接应可靠固定，不得松动，尾罩螺钉应拧紧并胶封，对于电连接器与外界相通的开口或通孔，如不使用，应采取保护措施，防止多余物进入。电连接器外壳安装地线，且在去除连接部位的漆层、氧化层时，应防止多余物掉入电连接器。

（7）及时使用防护盖。

第三节　混装电连接器的接触对损坏问题

一、失效案例统计

混装连接器在业内并没有统一的定义，相对于传输单一种类信号的连接器，混装连接器至少能够传输两种及两种以上类别的信号。连接器传输的信号包含：电信号、光信号、流体信号等。

本书所指的混装电连接器，主要是指相对原来的高频和低频电连接器而言，在一个电连接器内实现高频和低频电信号的同时传输。但是，多数的混装电连接器是在低频电连接器上加装高频接触对形成的，在尺寸链设计上存在先天的缺陷，导致一些质量问题发生。据统计，近5年来在用量不超过电连接器总量1%的情况下，混装电连接器所发生的质量问题占到电连接器总质量问题数的17.9%，具体失效原因如表2-3所示。在所发生的7个失效案例中，有6个是设计问题，其中4个是电连接器尺寸链设计不闭环引起的。

表2-3　混装电连接器失效案例统计

失效原因	电连接器设计	电连接器生产	电连接器使用
失效数量	6	1	0
所占百分比（%）	85.7	14.3	0

由于在同一个壳体之内传输多种电信号，各种类型的接触对的对准精度的要求不同，如1553B三同轴总线接触件和四分同轴接触对的对准精度要求远大于普通的接触件，如果按照传输低频信号电连接器的尺寸链设计准则进行产品设计，就会出现因尺寸链不闭环导致的质量

问题。

某分离脱落电连接器内部含有密封型1553B双同轴接触件，半年内连续出现接触件损伤问题，包括：双同轴接触件损伤2次、单层插座双同轴插针顶伤1次、双同轴插孔绝缘体顶伤1次。问题涉及以下几个方面。

第一，插座1553B总线接触件安装结构存在设计缺陷，1553B总线接触件采用绝缘板固定方式造成固定间隙偏大，从而发生接触件晃动导致插针顶伤问题。

第二，1553B总线插孔安装在产品中，零件误差累积产生的间隙及活动量超过了接触件的自导向能力。

第三，插孔簧片材料的抗形变能力不够，容易出现弯折。

第四，插孔轴向尺寸定位精度差，外插孔内部、零组件易高出外插孔端面，导致外插孔的第一步导向功能失效。

上述原因的共同作用导致混装电连接器在使用过程中易出现绝缘体顶伤、插孔簧片弯折等问题。

二、失效产品及结构

某分离脱落电连接器在使用过程中双同轴接触件插孔端的中心绝缘体损伤，与之相配合的双同轴接触件插针端的中心插针倾斜，引起中心接触对开路失效。使用过程中插头插座共进行了两次对接，第二次对接分离后，发现插头1#点位和2#点位双同轴插孔的中心绝缘体均有损伤（如图2-22、图2-23所示），插座1#点位和2#点位双同轴插针的中心导体插针向一侧倾斜（如图2-24所示）。

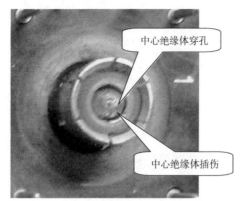

图2-22　1#点位的中心绝缘体损伤

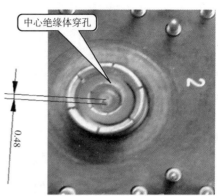

图2-23　2#点位的中心绝缘体损伤

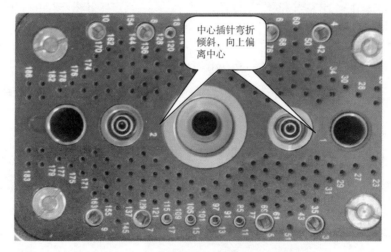

图2-24　故障插座上中心插针向一侧倾斜

该类型脱落电连接器双同轴接触件的内部结构如图2-25、图2-26所示。接触件由双同轴插针及插孔组成，双同轴插针与插孔分别安装在插座和插头上。

双同轴插针结构由三层同心的导体组成，从内到外分别是中心插针、中间插针和外插针，各层之间采用玻璃烧结的方式结合在一起，实现组件密封。将双同轴插针装入密封前套和密封后套中，利用聚氨酯胶灌封与绝缘体粘接，实现插座上1553B接触件的密封。

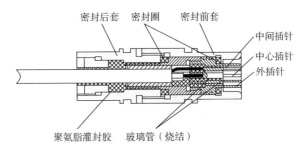

图2-25　1553B双同轴插针内部结构

插头上的双同轴插孔相应地也是由三层导体组成的，从内到外分别是中心插孔、中间插孔和外插孔，三层插孔均采用开槽收口式结构，各层之间利用绝缘材料进行电气隔离。

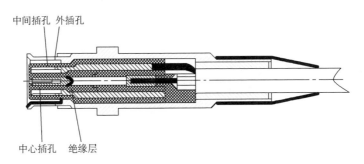

图2-26　双同轴插孔组件内部结构

在插合过程中，双同轴插针和插孔随之插合，具体过程如下。

首先是头座插合导向。插头上的导柱与插座上的导套配合，推动插头使连接机构与插座锁套配合实现头座上锁，顺时针旋转手轮，头座靠拢插合，待8只ϕ3.5mm规格的插针进入插座绝缘板孔内后，插针与插孔开始接触。

然后是双同轴接触件的插合导向。双同轴接触件插合时，先是外插孔与外插针配合，通过插孔的径向活动实现插合导向，外插针孔配合后达到双同轴接触件的外部定位，再是插孔的内绝缘体插入中间插针的内孔、外绝缘体插入外插针的内孔，实现双同轴内部零组件的定位导向。

最后是中心插针与插孔、中间插针与插孔的插合，如图2-27所示。

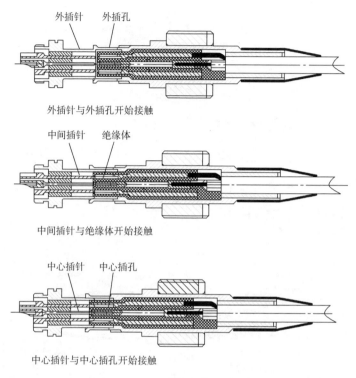

图2-27　双同轴组件插合过程

三、失效原因分析

在进行插合操作的过程中，需要进行连接器壳体导向和1553B接触件导向共两次导向，如果两次导向累计误差大于后者能够承受的公差，可能会使中心插针顶伤绝缘体。两次导向的累计误差主要包括头座插合引起的配合偏差及双同轴插针的安装偏差。

（一）尺寸链计算原理

尺寸链是若干相互有联系的尺寸按一定的顺序首尾相接形成的尺寸封闭图形。其中各个尺寸的误差相互影响、相互积累，每一个尺寸称之为尺寸链的"环"。尺寸链的所有组成环按不同性质分为封闭环和组成环。按照各个环的性质、几何特征和所处的空间位置，又可分为直线尺寸链、角度尺寸链、平面尺寸链和空间尺寸链。

目前，尺寸链的计算方法主要有极值法和绘图法。极值法是以各个组成环的极值（极大值、极小值）为基础进行计算，这种方法要保证各个组成环都出现极值，虽然实际情况下各个组成环都出现极值的可能性不大，但由于该方法计算简单，因此实际应用较多。对于包括线性尺寸链在内的各种类型的尺寸链，为建立更为普遍的通用关系式来表达不同类型的尺寸链的基本关系，引入"传递比"概念，可得到尺寸链的通用计算公式为：

$$\delta_N = \sum_{i=1}^{n-1} \left(\frac{\partial N}{\partial A_i} \right) \delta_i = \sum_{i=1}^{n-1} r_i \, \delta_i \qquad (2\text{-}4)$$

其中：δ_N——各个环的公差；

$n\text{-}1$——组成环自变量的数目；

$r_i = \dfrac{\partial N}{\partial A_i}$——误差传递比。

这个公式说明，在任何情况下，不同类型的尺寸链当中封闭环和组成环都有这样的函数关系，且各个组成环的传递比都可用偏导数（或偏微分）求解，对于线性尺寸链，传递比为 ±1，通过此基本公式可计算出尺寸链封闭环和组成环的公差[2]。

尺寸链间的相互关系还可用尺寸链图表达。用绘图法进行尺寸链的计算主要有三个步骤。一是梳理零件的加工工艺或机器装配工序同尺寸间的相互关系，绘制出正确的尺寸链图。二是找出尺寸链图的封闭环，组成尺寸链的环有增环、减环，首先应找出封闭环，然后在封闭环任意方向画上箭头，沿此方向环绕尺寸链回路，按顺序给每一组环画上箭头，箭头方向与封闭环相反的为增环，相同的为减环。三是利用竖式进行计算，增环基本尺寸和上下偏差照抄，减环基本尺寸冠以负号，上下偏差对调变号，然后将各列数进行代数加法，即可求出所求环的基本尺寸及偏差。注意封闭环是在零件加工或机器装配过程中最后形成的一环。

（二）产品配合误差分析

产品的配合误差主要由头座插合引起的配合偏差和双同轴接触件的安装偏差构成，以下分别进行计算。

1. 头座插合引起的配合偏差

头座插合引起的配合偏差主要由导柱导套、头座壳体、连接机构同锁套的配合间隙以及插合时头座的偏移旋转产生的。配合间隙计算结果如下：大导柱与大导套配合偏差为（0.25 + 0.074 0）mm；小导柱与小导套配合偏差为（0.25 + 0.074 0）mm；头壳体与座壳体长边配合偏差为（0.25 + 0.220）mm；头壳体与座壳体短边配合偏差为（0.25 + 0.190）mm；连接套管与锁套配合偏差为（0 + 0.1 + 0.052 5）mm。

上述计算表明，在双同轴插针与插孔还未接触时，连接机构与锁套的配合间隙最小，对插头起主要中心定位作用，此时由于导柱、导套及头座壳体配合间隙较大，头座会出现以连接机构锁套配合轴线为中心的偏转，增大了双同轴接触件之间的配合误差。绘制头座在导柱、导套、头座壳体及连接机构锁套共同定位的情况下的尺寸链，如图2-28所示。图中可知头座会以连接机构与锁套配合轴线为中心偏转约0.52°，引起双同轴插针插孔之间产生最大约0.252mm的配合误差。

上述计算结果为平行插合时头座插合的配合误差，然而由于受到电缆外力及斜插影响，头座插合时插头会受到以连接机构、锁套的配合部位为支点的扭矩作用，采用绘图的方式计算扭矩作用下头座插合端面间的最大偏斜角度为2.15°，此时，双同轴中心插针相对插孔的中心轴线偏离

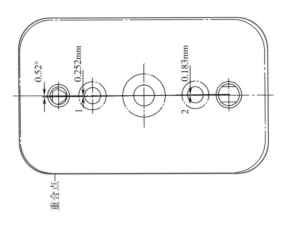

图2-28　头座偏转误差（实线框为插头，虚线框为插座）

0.274mm，如图2-29所示。

　　综合上述情况，在产品电装后，头座在偏斜插合状态时可引起的双同轴插针插孔的位置偏差值最大为 $\sqrt{0.252^2+0.274^2}=0.372\mathrm{mm}$。

　　2. 双同轴插针在插座上的安装偏差

　　双同轴插针在插座上的安装情况如图2-30所示。双同轴插针先安装在密封前套上，拧入密封后套然后固定，再将密封前套安装在插座绝缘体内。由于零件配合间隙，双同轴插针自身相对插座存在一定的安装偏差。双同轴插针、密封前套与绝缘体间的配合部位尺寸如图2-31、图2-32、图2-33所示。

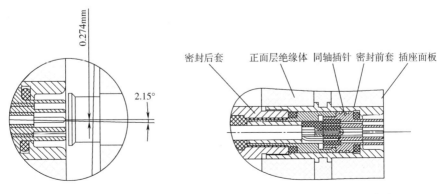

图2-29　倾斜插合的位置偏差　　　　图2-30　双同轴插针安装情况

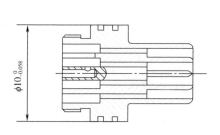

图2-31　双同轴插针配合部位

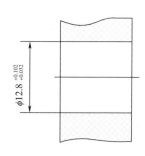

图2-32　插座绝缘体双同轴接点安装孔

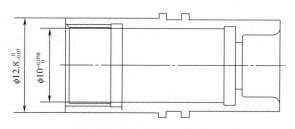

图2-33　密封前套配合部位

　　由于密封前后套能够夹紧，因此双同轴插针在三层插座内是固定的，在轴向上无窜动。但在组装过程中，由于存在轴、孔配合间隙，双同轴插针会出现径向偏移，具体偏移情况如表2-4所示。

表2-4　双同轴插针安装偏差

配合段	轴的尺寸	轴最小极限尺寸	孔尺寸	孔最大极限尺寸	轴线最大偏移
双同轴插针与密封前套配合	$\phi 100-0.058$mm	$\phi 9.942$mm	$\phi 10+0.058$mm	$\phi 10.058$mm	0.058mm
密封前套与绝缘板配合	$\phi 12.80-0.07$mm	$\phi 12.73$mm	$\phi 12.8+0.102+0.032$mm	$\phi 12.902$mm	0.086mm
合计					0.144mm

　　从表2-4可看出，在极限尺寸下，双同轴插针在三层插座内可产生的

最大极限偏移量为0.144mm。

经上述计算可知，连接器头座配合时，双同轴插针、插孔可产生的配合最大误差为头座插合引起的最大误差与双同轴插针自身安装最大偏差之和，即0.372 + 0.144 = 0.516mm，即配合误差为0mm ~ 0.516mm。

（三）允许偏差

为使双同轴插针插孔正常配合，将插头上的双同轴插孔设置为可游动的，通过其径向游动和插针、插孔配合间隙来消除双同轴插针、插孔插合的偏差。双同轴插孔的径向游动量及双同轴插针、插孔的配合间隙即为双同轴接触件插合可承受的偏差。

1. 双同轴插孔与插头绝缘体的活动偏移量

双同轴插孔在插头绝缘体内的安装情况如图2-34所示，插孔与绝缘体的配合段为ϕ8mm尺寸段，两者配合尺寸如图2-35、图2-36所示。

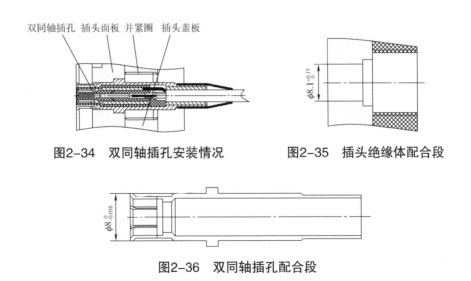

双同轴插孔　插头面板　并紧圈　插头盖板

图2-34　双同轴插孔安装情况　　　图2-35　插头绝缘体配合段

图2-36　双同轴插孔配合段

由于双同轴插孔与绝缘体存在配合间隙，双同轴插孔在插头上可为倾斜状态（如图2-37所示），采用绘图法测得在极限情况下，插孔中心偏离绝缘体中心约0.303mm，即其允许的插合偏移为0.303mm。

2. 计算双同轴插针、插孔的配合间隙

双同轴插针、插孔配合时，先是外插针与外插孔配合，两者之间的配合段为ϕ6.2mm尺寸段（如图2-38所示）。

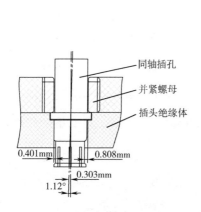

图2-37 插孔倾斜状态

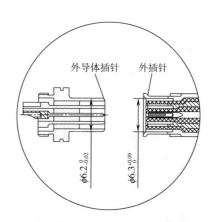

图2-38 外插针外插孔配合间隙

算得两者之间的配合间隙如下（单位：mm）。

$$配合间隙 = (\phi6.3 + 0.09 - \phi6.2 + 0.02)/2 = 0.05 + 0.055$$

因此双同轴插针、插孔允许的偏差为双同轴插孔与插头绝缘体的活动偏移量与双同轴插针、插孔的配合间隙之和，即0.303 + 0.05 + 0.055 = 0.408mm。

通过上述计算表明，头座配合时，双同轴插针、插孔最大偏差为0.516mm，而允许的配合偏差为0.408mm，允许的偏差不能完全满足配合误差，故有可能会引起双同轴接触件插坏。

四、应对措施

从以上分析可知，该类型电连接器出现接触件绝缘体顶伤问题的根本原因是产品设计尺寸链不闭环，产品整体配合产生的误差大于接触件的允许公差，因而采取如下措施。

（一）产品设计

将并紧螺母更改为螺帽结构（如图2-39所示），可以避免插头上双同轴插孔电装时密封胶进入并紧螺母与插孔之间出现倾斜，并能够将双同轴插孔整体包裹，从而保证插孔活动量。

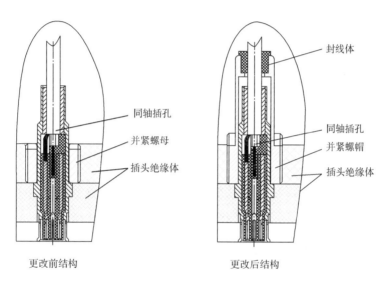

图2-39 更改前后对比

更改双同轴插孔上的外绝缘体、中心绝缘体尺寸，保证外插针与外插孔先配合定位，避免内部绝缘体先接触导致顶坏。

更改导柱配合尺寸，减小导柱导套的配合间隙，同时将导柱由两边铣扁改为三边铣扁，提高水平方向定位精度，从而减小双同轴插针插孔因头座偏转引起的误差。

更改中间插孔倒角尺寸，提高中间插针与中间插孔配合的导向。

（二）产品生产

分离脱落电连接器组装完成后，应100%进行接触件、导向机构等关键部件的位置度检测。

（三）产品验收

分离脱落电连接器在A组试验及交收试验中应进行20次连续插合—分离试验。

分离脱落电连接器每个系列应选取典型规格代表，进行满装情况下的机械应力考核，包括振动、冲击以及多次"插拔"工况的验证。

为有效保证混装电连接器的可靠使用，还需要从以下几个方面加以改进。

第一，分离脱落电连接器结构复杂，零件种类多，组合面差别较大，在产品工艺尺寸链中，应选择最不重要的尺寸作为封闭环；在结构设计中，应选择最简单的方式，即遵循最短尺寸链原则。

第二，分离脱落电连接器结构复杂，尺寸链设计困难，在尺寸链设计及复核计算中，可以根据产品实现的不同功能，对其结构模块进行划分，然后针对各个结构进行尺寸链设计，将尺寸链的公差分配进行多级分解，这种模块化设计可以有效减少产品设计时尺寸链变量的数量。

第三，对混装电连接器进行型谱规划，减少规格，提高单个规格的用量，从而提升产品成熟度。

第四，目前混装电连接器的关键尺寸及其容差分配没有统一标准，应在行业内形成统一的关键尺寸设计及容差分配标准。

第五，混装电连接器，尤其是混装分离脱落电连接器缺乏工程应用的验证，应明确其标准并予以实施。

混装电连接器内部含有多种类型的接触件，对对准精度的要求各有不同，在设计上应保证尺寸链设计的闭环，并且留有一定余量。

第四节　电磁继电器内部多余物问题

电磁继电器是利用电磁原理、机电原理来控制电路通断的一种控制器件。图2-40是非磁保持电磁继电器的结构简图。线圈通电可产生电磁场，铁芯被磁化并吸合衔铁，衔铁带动动簧片与常开（固定）触点闭合；线圈断电后，电磁场消失，衔铁在复原弹簧力作用下回到初始位置，动簧片与常闭（固定）触点闭合。

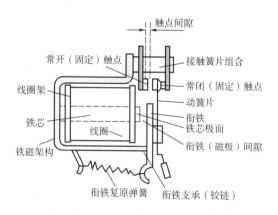

图2-40　非磁保持电磁继电器结构

图2-41是磁保持电磁继电器的结构简图。磁钢产生的永磁磁通分为左工作气隙磁通和右工作气隙磁通。对线圈Ⅰ施加额定脉冲电压所产生的电磁磁通与左工作气隙内的永磁磁通方向相反，与右工作气隙内的永磁磁通方向相同，导致右气隙的合成磁通大于左气隙，衔铁从左磁极打开吸向右磁极，使得左触点闭合。线圈Ⅰ断电后，衔铁在永磁磁通的作用下保持状态不变。当向线圈Ⅱ施加脉冲电压时，衔铁从右磁极复归到左磁极，右触

点闭合，且断电后保持在该状态。

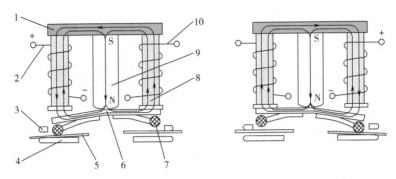

1—轭铁；2—线圈Ⅰ；3—上触点；4—下触点；5—簧片；6—衔铁；
7—推杆部分玻璃球；8—铁芯；9—磁钢；10—线圈Ⅱ

图2-41　磁保持电磁继电器结构

电磁继电器在生产、制造过程中，一些金属屑、松香、点焊飞溅物、裸露铜线丝、密封剂、纤维丝等微粒在产品内部易形成多余物，导致继电器误动作或焊点短路、断路。统计2009年至2014年间出现的元器件失效问题，电磁继电器失效数量占元器件失效问题总数的25.8%，且失效数量呈增加趋势，如表2-5所示。

表2-5　电磁继电器按失效时间统计表

年份	2009年	2010年	2011年	2012年	2013年	2014年	总计
失效所占百分比	4.17%	2.08%	22.92%	20.83%	35.42%	14.58%	100%

进一步对失效原因进行统计（如表2-6所示），由多余物导致的失效，占到总失效数的62.50%，因此研究电磁继电器多余物控制十分必要。

表2-6　电磁继电器按失效原因统计表

失效原因	多余物	内部气氛	装配	其他	总计
失效所占百分比	62.50%	16.67%	8.33%	12.50%	100%

一、典型案例

（一）设计余量不够，活动部分与外壳内壁刮蹭形成多余物

多只四组触点功率继电器在整机单板测试时发生触点不导通。失效分析表明，继电器内部侧板点焊熔瘤突出部位与外壳发生刮蹭，产生的金属刮蹭物卡在衔铁与轭铁贴合部位，造成衔铁吸合不到底，导致动触点不导通，刮蹭形貌如图2-42所示。出于抗振的需要，此继电器结构设计得较为紧凑，侧板与外壳内壁间的最小理论间隙为0.14mm（单边仅为0.07mm），设计上没有提出保证此间隙的明确要求。工艺方面，照搬已有工艺，对如何保证侧板的最大尺寸没有充分考虑，对点焊熔瘤突起部位的修剪工序没有量化要求。经解剖分析，在抽取的某批次样品中，17.24%的样品存在外壳内壁刮蹭现象；另一批次中，54.17%的样品存在同样的问题。由于无法剔除带有隐患的产品，导致39个批次5 600多只产品报废。

图2-42　继电器内部刮蹭形貌

（二）点焊飞溅物清理不彻底，残留后成为多余物

某整机在测试过程中出现故障，定位于某微型继电器在线圈断电后两组动触点发生短路。失效分析表明，继电器衔铁与磁钢之间卡有一个尺寸约为0.2mm的金属多余物（如图2-43所示）。多余物为未清除的点焊飞溅物，造成衔铁无法复位。工艺规定在套壳前应使用高纯氮气对整件、外壳分别进行吹净。在镜检时，操作者及检验员应使用体视显微镜在规定的放大倍数下进行100%检查，要求磁系统及衔铁表面不能存在多余物。

以上吹净及镜检工序虽有要求，但仍依赖于人工操作，造成多余物"有机可藏"。

（三）环境不清洁，外来多余物带入产品

某设备在现场试验时出现故障，定位于某微型继电器绝缘电阻下降。失效分析表明，继电器内部藏有一个尺寸0.53mm×0.076mm的条状金属屑（如图2-44所示），引起簧片与壳体搭接，导致绝缘下降。

经查，该多余物来源于继电器外部，可能是由于盛放整件及外壳组件的周转盘黏附多余物，且操作时未加注意，在套壳工序中被带入产品内部。关键还在于套壳前的镜检未能发现该多余物，致使产品"带病"上岗，最终出现失效。

图2-43　点焊飞溅物形貌

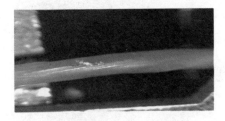

图2-44　引线上附着的
金属多余物形貌

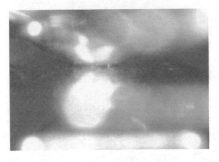

图2-45　触点表面附着的
颗粒状有机物形貌

（四）清洗溶液不干净，形成多余物

某整机单板在老化试验时连续发生了两起故障，定位于两只同型号的微型继电器触点开路。失效分析表明，继电器故障触点的接触部位附着有大量白色颗粒状有机物（如图2-45所示）。

调查发现，由于生产过程中摆放在不锈钢盘中的整件数量过多，同时无水乙醇没有得到及时更换，造成用于清洗

整件的无水乙醇所含杂质较多，经过后续的烘烤工序，析出的有机物质附着在触点表面，导致触点不通。此批产品只能报废处理。

（五）工具不洁，烙铁头上的松香碳化物带入产品，形成多余物

某设备在现场试验时出现故障，定位于一只功率电磁继电器的一组动触点加电后不导通。失效分析发现，产品的一组动触点的动簧片接触部位附着一个尺寸为0.25mm×0.1mm的长条状黑色非金属多余物（如图2-46所示），导致该组触点无法接通。经分析，该多余物是电烙铁头上黏附的松香碳化物，在焊接线圈组引线时，操作人员未及时清理烙铁头，造成松香碳化物掉落至焊接部位附近，形成内部多余物。

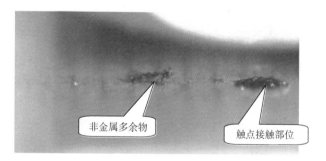

非金属多余物

触点接触部位

图2-46　掉入产品内部的松香碳化物形貌

综上所述，多余物基本分为金属多余物和非金属多余物。金属多余物一般都是装配过程中由于焊锡、点焊等产生的飞溅物未清理干净，或卡在一个不易观测到的部位，又或金属材料零部件有毛刺未清理干净造成的，随后的PIND（颗粒碰撞噪声检测）试验也未能有效剔除。非金属多余物一般是装配过程中由于毛刷脆断物、产品本身非金属材料零部件毛边（线圈架、线圈包扎带、导线外皮等）、边缘毛刺脱落物、清洗液（多为酒精）清洗过多产品后溶解的有机物凝结造成的，也可能是由于静电的吸附作用导致。非金属多余物一般重量较轻，PIND试验难以检测出来。

金属多余物导致的失效模式主要有以下几种。

第一,动作电压超差。当金属多余物掉在衔铁与轭铁之间时,如果金属多余物较小,衔铁与轭铁之间的超行程会被金属多余物抵消一部分,导致超行程变短;如果金属多余物较大,就会使衔铁运动受阻,动作电压超差,严重时导致衔铁卡住,产品不动作。

第二,不动作。电磁继电器内部的衔铁与轴一般设计为间隙配合。为保证衔铁转动灵活,衔铁与压环之间存在一定的轴向间隙。正常情况下,衔铁绕转轴转动,不存在卡滞。如果衔铁与轴、衔铁与卡环之间存在金属多余物,就会造成衔铁摩擦阻力大于衔铁转动的驱动力,导致衔铁卡滞。对外表现为线圈加电后,产品不动作或线圈断电后产品不释放。

第三,绝缘电阻下降。引出杆与底板之间一般都保持一定的距离,当金属多余物因振动等原因掉在引出杆与底板之间时,引出杆与底板之间的绝缘距离变短,绝缘电阻下降,甚至发生短路现象。

非金属多余物导致的故障模式主要有以下几种。

第一,接触电阻超差。当非金属多余物掉在触点表面或附近时,非金属多余物会顺着电场的方向移动,最后被吸附到触点的接触部位,引起接触电阻超差,严重时导致触点不导通。

第二,绝缘电阻下降。当非金属多余物掉在引出杆与底板之间时,多余物会顺着电场的方向向引出杆靠近,导致引出杆和底板之间形成搭接,造成两者间的耐压性能下降,在一定的电压下产生电弧,致使多余物碳化,最终导致产品绝缘电阻下降。

二、控制多余物的技术准则

控制继电器内部多余物主要有四种方法:一是从继电器设计方面,规避易引入多余物的结构或降低对多余物的敏感程度；二是从环境、工艺、工装、制造等条件和过程方面严格控制，减少或消除多余物；三是提高筛选应力、增强检验检查有效性；四是改进继电器的应用。

（一）多余物控制纳入继电器设计准则

在电磁继电器设计准则或可靠性设计准则中，应该包括对多余物的控制要求，例如，设计结构上，在预防多余物产生或便于检查、清除所产生的多余物；应保证所选择的原材料和零部件不会在产品生产、试验和使用中产生多余物；相对运动的部件应避免锐边、咬边和毛刺等，以免划伤其他部件表面或因毛刺脱落产生多余物。

（二）多余物控制纳入工艺规范

1. 零件生产

对每个零件的生产，务必做到精益求精，零件的边缘不允许有毛刺带入装配，零件的表面不允许黏附多余物，热处理以及电镀前必须彻底清理，各零组件入库前必须设有检查和剔除多余物的检验工序，并体现在工艺文件中。

2. 组件生产

（1）继电器绕组生产。线圈的包扎工序，必须谨慎操作，入库前必须用10倍放大镜进行检验，重点检查包扎薄膜的丝状物，对不合格组件必须进行返工或剔除。

（2）压铆工序。铁芯与轭铁的压装、小轴与支架的压装、触点的压铆等，必须彻底清除挤出物。

（3）点焊工序。点焊连接的部位很多，是主要产生多余物的环节。在保证牢固性的前提下，优化点焊参数，使之不产生或少产生点焊毛刺和点焊飞溅物，采取措施防止点焊飞溅物进入隐蔽部位。点焊后应用10倍显微镜进行检验。

（4）锡焊工序。焊磁钢、焊引线等工序不应过量使用松香焊剂。焊完后必须用酒精充分浸泡和清洗。

3. 清洗工序

产品整件生产过程中，实施去离子水"自动、动态、流动"清洗，在继电器加电、断电的循环动作过程中采用去离子水对整件各部位进行清洗，重点是触点接触部位。

规定清洗液每次清洗零件的最大数量和更换周期，规定装配继电器所用指套进行更换的周期，规定对周转工具和清洁工具的具体要求。

每一步清洗工序之后应有对应的去离子风吹淋工序，明确吹淋部位、吹淋时间以及气体压力等。

继电器装罩前必须进行清洗，特别对于线圈包扎层、衔铁与铁芯贴合面、簧片与触点之间需要进行去离子风吹淋。

4. 总装工序

继电器套壳前，必须用高纯氮对继电器内进行吹洗，并用20至40倍显微镜对壳罩和继电器整件进行100%的自检和专检，检查工序和套壳工序必须在100级洁净工作台内进行。

5. 密封工序

为消除封壳过程中引力的多余物，建议优先采用激光焊密封工艺。

三、检验筛选

受限于工艺水平，生产过程中不能完全杜绝多余物，需进行必要的筛选。

（一）PIND检测方法

现行PIND检测方法完全按GJB 65B—1999《有可靠性指标的电磁继电器总规范》附录B要求，试验条件分为A（27Hz，冲击1 960m/s²）和B（27Hz、40Hz、100Hz，冲击1 960m/s²）。大多数继电器厂采用试验条件B，试验方向按标准要求避开容易造成机械噪声的方向。失效判据也按照GJB 65B中的规定，即各种幅度的非同步噪声脉冲粒子波形的继电器将被剔除，同步机械波形掩盖50%以上机械波形的继电器将被剔除。

PIND检测的依据是电磁继电器振动时产生的冲击响应信号，它是在冲击过程中形成的振动信号，由三部分构成，分别为：振动台撞击限位机构形成的信号，继电器内部结构形成的信号，继电器内可动部位和多余物形成的活动信号。这些信号按一定规律出现在冲击过程中，将信号分为A区（后移区）、B区（主信号区）、C区（后续区）。A区反映振动台下移过程中继电器内可动部位和多余物的活动情况，B区是撞击初始信号和阻尼振动响应信号，C区反映多余物后期运动产生的撞击信号。

（二）电磁继电器补充技术要求

由于PIND试验存在一定的逃逸率，一些情况下需要增加筛选次数以及试验方向（从原来一个增加到三个方向），从而减少继电器存在多余物的漏判。此外，在对继电器多余物问题归零措施进行一定技术疏理后，制定了《电磁继电器补充技术要求》，并纳入订货合同。

（三）MTUV方法

针对继电器多余物问题，欧洲的一些公司采用一种简称为"MTUV"的试验方法，该方法是马特拉斯公司针对继电器进行的一项特殊的振动试验，目的是检测由于导电微粒或者绝缘微粒以及活动部件引起的接触故障。其原理是对处于振动状态的继电器加电，使其工作，并实时监测触点的通断状态，判断继电器是否存在可动微粒以及是否存在活动部件引起的故障。

四、使用方应提高设计可靠性

电磁继电器内部为机械可动结构，固有可靠性相对较低，已逐步被固体继电器替代。

在重要和关键部位可将两个（或以上）同类型继电器的两组触点串并联使用来提高电路的可靠性，但不允许将两个触点并联起来去切换一个高于单个触点额定负载（电流）的电路，也不允许简单地将两个触点串联起来去切换一个高于单个触点切换能力（电压）的电路。

参考文献

[1] 唐万军, 张世莉, 张建宏. 固体钽电容的使用可靠性[J]. 微电子学, 2008, 38(3): 389–390.

[2] 张荣瑞. 尺寸链原理及其应用[M]. 北京: 机械工业出版社, 1989.

第三章

成效显著，但仍需努力保持
——电子器件典型失效模式

- 功率器件的热致失效
- 半导体器件键合界面的可靠性控制
- 半导体器件键合质量一致性控制
- 半导体器件内部水汽含量控制
- 内部多余物问题的防治

電子器件包括半导体分立器件、集成电路、光电子器件和真空电子器件，每个大类下面又可以分为更多的中类。如从工艺角度区分，集成电路可分为单片集成电路、混合集成电路、微电路模块和微组装件等；从功能角度区分，光电子器件分为光探测器件、光接收器件、光处理器件等。每一个中类向下，又可进一步细分为小类，甚至细类。由于类别繁多、结构复杂，每个类别的失效模式不可能在一个章节罗列清楚，本章仅是对工程应用中遇到的若干电子器件专业较为突出、具有共性特征的失效模式进行分析，并总结已经采取的有效措施。对于电子器件中较为关键、特殊和前沿的类别，比如大规模集成电路、塑封集成电路等则在第四章、第五章中进行讨论。

第一节　功率器件的热致失效

功率器件应用于功率转换系统等关键部位，其失效所造成的后果较为严重。该类器件发热明显，要将热量耗散出去，就需要降低或控制热耗散途径上的热阻。

一、功率器件散热方式及热失效机理

在功率器件内部，热传导是最主要的散热方式。芯片内部所产生的热量，通过芯片与外壳底座间的焊料层（如导电胶或金属合金材料）传导到外壳的底座上，再由底座传导到PCB板上，如图3-1所示。为保证功率器件的可靠性，降低芯片结温，就必须降低热传导路径上的热阻。

热阻的物理定义是沿热传导路径上的温差与该热传导路径上耗散功率的比值。如图3-2所示，A和B分别代表传热路径中的高温节点和低温节点。在半导体器件应用中，A一般代表PN结，B代表参考点，如器件壳

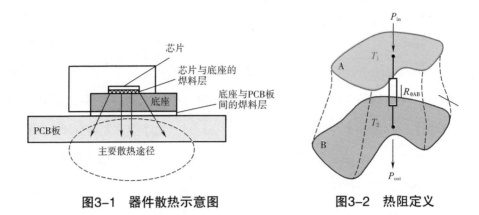

图3-1　器件散热示意图　　　　图3-2　热阻定义

体、PCB板、环境气体或者真空等。A点相对于B点的热阻用公式表示为：

$$R_{\theta AB} = \frac{T_1 - T_2}{P_{in} - P_{out}} \qquad (3-1)$$

其中：$R_{\theta AB}$——A点相对于B点的热阻；

　　　　T_1——A点的温度；

　　　　T_2——B点的温度；

$P_{in}-P_{out}$——A到B路径上的产热功率；

　　　　P_{in}——A点的输入功率；

　　　　P_{out}——B点的输出功率。

当热传导路径上存在缺陷（如焊接空洞），或者由于环境因素导致散热效率较低（如真空环境）等，热阻将显著增大，导致器件芯片过热。

芯片过热造成功率器件失效的机理有两种：热击穿和热应力损伤。

（一）热击穿

功率器件的本征温度T_{int}是指由热产生的载流子浓度n_i等于本底掺杂浓度N_D时的温度，是关于本底掺杂浓度N_D的函数，如图3-3所示。当芯片温度接近或达到T_{int}，热产生的载流子成为载流子生成的主导机制。由于该机制与温度具有正的温度系数，如果热量无法及时耗散出去，将导致热失控。热击穿可能的失效形貌如图3-4所示。

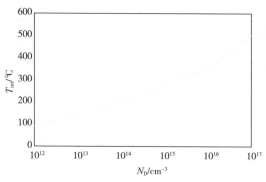

图3-3 本征温度随掺杂浓度的变化　　　图3-4 热击穿可能的失效形貌

（二）热应力损伤

功率器件在工作期间往往要经受热循环，由于芯片和焊料的热膨胀系数不匹配，在热循环过程中焊接面间会产生周期性的剪切应力。应力的表达式为

$$\delta(T) = \int_{T_1}^{T_2} E(\alpha_1 - \alpha_2)\,\mathrm{d}T \tag{3-2}$$

其中：$\delta(T)$——温度从T_1变成T_2时，材料1和材料2间产生的应力；

α_1——材料1的热膨胀系数；

α_2——材料2的热膨胀系数；

E——弹性模量。

当温度急剧变化时，由于热失配导致芯片受到剧烈的拉伸或挤压，超过芯片能承受的极限时，就会造成芯片破裂。另外，焊料在应力的作用下产生位移形变或剪切形变，将造成焊料疲劳，导致焊料层破损，严重时造成焊料与芯片脱离，如图3-5所示。

图3-5 焊料与芯片脱离形貌

二、在老炼、稳态寿命及间歇寿命试验中的稳态热阻控制

式（3-1）的热阻定义中并未考虑热瞬态响应过程，假定功率施加的时间足够长，热状态已经达到稳定，不再随时间发生变化，这时对应的热阻为稳态热阻。在这种情况下，如果已知功率器件的热阻和壳温，可以反推出功率器件在该状态下的结温。在生产过程控制中，通常利用这一原理控制功率老炼时的最高结温。

当功率器件处于稳态应用时（功率状态不变或变化缓慢），也可以根据式（3-1）推算结温，防止由于热阻过大造成功率器件的结温超过了允许的最高温度，最终导致过热失效。

早期，由于功率器件生产线工序质量控制能力不足，芯片与底座间的焊接空洞率较高，直接导致实际热阻偏高，为此，一些单位在进行产品设计时提高了芯片的功率裕度。表3-1是某单位提供的3只功率双极型晶体管稳态热阻测试数据。该器件在壳温为25℃时的标称额定功率为25W，按照表3-1给出的数据计算可得，三只器件的稳态热阻平均值约为1.45℃/W。该产品标称的最高结温为175℃。按照平均热阻值推算，壳温25℃对应的额定功率$P_{TOT}=$（175℃-25℃）/1.45℃/W=103W，约为标称功率的4倍。

表3-1　某3只功率双极型晶体管稳态热阻测试数据

编号	功率（W）	结温（℃）	壳温（℃）	热阻（℃/W）
1	75.11	165.9	64.2	1.355
2	71.94	170.7	66.2	1.454
3	70.39	170.5	61.6	1.546

这种器件设计与额定值不符合的状况，导致用户不能掌握合适的筛选应力，以表3-1所列的晶体管为例，当施加标称的额定功率25W进行功率老炼时，器件对应的结温为70℃（壳温为30℃），距离标称的最高工作温度175℃相差105℃。由于筛选应力不足，不能有效地剔除早期失效。为此，质量保证人员提出针对功率器件应根据实测热阻值进行控制，以实现在最高结温下进行功率老炼和寿命试验的目的。

当温度急剧变化时，芯片容易破裂。芯片受到的剪切力同芯片、焊料的热膨胀系数以及芯片尺寸的关系如3-3式所示。

$$\delta \propto L(\Delta\alpha)(\Delta T)/2d \tag{3-3}$$

其中：δ——芯片或焊料层受到的剪切力；

　　　L——芯片的对角线长度；

　　　d——焊料厚度；

　　　$\Delta\alpha$——芯片同底座或基板的热膨胀系数差；

　　　ΔT——焊料上下表面温度差。

利用这一原理，提出对于功率器件（≥10W），在C组周期性的抽样试验中，除进行1 000h最高结温的稳态寿命试验外，还需进行6 000次的间歇寿命试验。间歇寿命试验要求功率器件的壳温升或利用稳态热阻推算的结温升要大于85℃。在同样的温度梯度条件下，由于芯片受到的剪切力与芯片的尺寸成正比，器件芯片面积越大所受到的应力条件越严苛。

三、通过瞬态热阻测试，剔除含有焊接空洞的功率器件

当器件的功率发生变化时，器件的结温会在一定的时间内，从一个热稳定状态变到另一个热稳定状态。如果要考虑产品的瞬态响应，则需要考虑其瞬态热阻。

瞬态热阻即为在一定的脉冲功率时间t_H内，结温升与施加功率的比值，则：

$$Z_{\theta JX} = \Delta T_J / P \tag{3-4}$$

其中：$Z_{\theta JX}$——瞬态热阻；

ΔT_J——脉冲t_H内的结温升；

P——产热功率。

当使得器件达到热平衡状态时，热阻即为对应的结到相应参考点的稳态热阻。

采用不同脉冲持续时间t_H可绘制$Z_{\theta JX}$与t_H的关系曲线——瞬态热响应曲线，如图3-6所示。可以通过设置合适的加热时间t_H，使热量刚好传导过

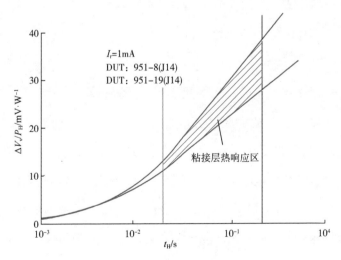

图3-6 瞬态热响应曲线

焊料层到达外壳（底座）。如焊料层存在空洞，瞬态热阻会显著变化，通过对比同一批次不同器件焊料层的热阻值进行研究可检测其结构空洞。

功率器件最常用的状态为开关状态，利用瞬态热阻及瞬态热响应曲线可以推算出功率器件在开关状态下的温升，以指导用户正确选用。在功率器件的手册中一般会给出如图3-7所示的瞬态热阻与脉冲加热时间、脉冲占空比之间的关系曲线。对于一个在t_1时间内功率恒定为P_{DM}的一系列恒功率脉冲，通过选取对应的瞬态热阻$Z_{\theta JC}$，就可以推算该状态的峰值结温$T_j = Z_{\theta JC} \cdot P_{DM} + T_C$，从而判断在特定状态下工作的功率器件是否安全。

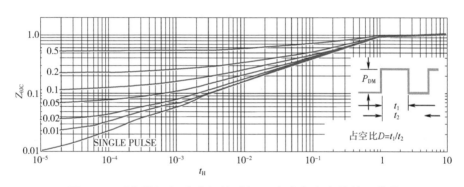

图3-7 瞬态热阻与脉冲加热时间、脉冲占空比的关系曲线

为了剔除焊料层存在空洞的器件，早期提出了对功率器件进行瞬态热阻测试筛选的要求，一般将给定器件瞬态热阻的上限作为判据。这种设置判据存在的问题是无法剔除焊料过薄的产品。如果焊料层过薄，器件的热阻小于平均值，必然满足所设定的合格判据。但由式（3-3）可知，焊料过薄将受到更大的剪切应力，曾经也出现过由于焊料过薄导致在进行温循试验时芯片脱落的失效现象。

此外，这种判据未考虑批次差异性。由于判据设定的值是一个绝对的固定值，生产厂家为保证在不同批次的差异下合格产品不被误筛，通常会设置一定的余量，但某些情况下会由于余量设置的不合理导致某些批次失去筛选作用。针对这一问题，后期明确了瞬态热阻筛选要采用"3δ"的方式，即每批筛选器件平均瞬态热阻值加减3倍的方差：$Z_{th} \pm 3\delta$。该方式能够将焊料过薄的产品有效剔除（$< Z_{th} - 3\delta$），且采用相对值的方式回避了不同批次的差异性问题。

3δ方式是建立在整批器件的瞬态热阻分布满足正态分布且不同批次间产品差异性较小的基础上的。由统计学可知，概率分布满足正态分布时，其平均值加减3倍标准偏差的概率是固定的。为防止产品某批次离散性较大（即 δ 较大），筛选通过的产品（$\leqslant Z_{th} + X\delta$）其稳态热阻值应小于规定值（图3-8中的垂直于$X$轴的实线），从而在一定程度上避免同批次产品离散性增大的问题。因此，采用此种方式设置判据时，必须同时设定每批抽样检测产品的稳态热阻值。

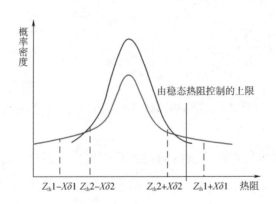

图3-8　瞬态热阻正态分布

四、应用过程中对热阻的考虑

由于功率器件的特殊工作性质，要应用到比其他电子器件更加苛刻的工作环境。如果忽略热设计或热管理，将导致功率器件产生的热量无法及时有效地耗散，致使芯片温度过高，发生热失效。

（一）安装空洞造成功率器件散热途径上的热阻增大

某功率晶体管失效形貌如图3-9、图3-10所示。显微分析结果表明芯片已烧毁，且局部破裂。通过X射线检查发现，器件底座与PCB板间存在大量气泡，气泡面积约占总面积的50%，如图3-11所示。

与电阻类似，热阻与材料热导率、接触面积成反比，与材料的厚度成正比，如式（3-5）所示。

$$R_{\theta AB} = L/(\kappa \cdot A) \qquad (3-5)$$

其中：$R_{\theta AB}$——A点相对于B点的热阻；

　　　L——材料厚度；

　　　κ——材料热导率；

　　　A——材料接触面积。

在标准大气压和室温条件下空气的热导率约为0.025W/（m·K），而典型的焊料热导率如表3-2所示。空气的热导率比焊料的热导率小三个数量级。当焊料层空洞率较高时（如超过25%），会显著增大热传导路径上

图3-9　失效样品内部形貌（金相）

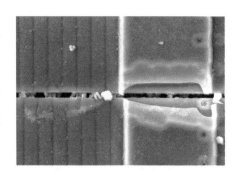

图3-10　失效样品内部
裂纹形貌（SEM）

图3-11　X射线检查出的孔洞缺陷

的热阻。由公式（3-1）可知，在同样的耗散功率条件下，结温相对参考点的温升将相应增加，造成器件局部过热。

表3-2　焊料热导率

焊料	成分（%）	热导率（25℃）/[W/（m·K）]	CTE/（X10^{-6}/℃）
AuSi	96.85Au，3.15Si	27	12.3
AuSn	80Au，20Si	57	15.9
AuGe	88Au，12Ge	44	13.4
Sn10	90Pb，10Sn	36	27.9
Sn96	3.5Ag，96.5Sn	33	30.2
Sn62	2Ag，36Pb，62Sn	42	27
Sn63	37Pb，63Sn	51	25
Sn60	40Pb，60Sn	29	27
InPb	30Pb，70In	38	28
InAg	3Ag，97In	73	22

该器件结到壳的热阻值R_{JC}为0.2℃/W，在不存在空洞的情况下，通过理论计算，铝基板与壳体间热阻值为0.2℃/W，则器件结到铝基板的总热阻约为0.4℃/W。计入空洞的影响，铝基板到壳体间的热阻值将大于1℃/W，结到铝基板的总热阻则会大于1.2℃/W。当处于特殊工况进行验收试验时，流过单只器件的功率估算达213W。由式3-1可以估算，该状态下结温约为255℃ + $T_{铝基板}$。将该器件的衬底与漏极间的PN结做单边突变结近似，该器件的击穿电压实测值约为300V，击穿电压与掺杂浓度之间近似有：

$$V_B = 563V \cdot (4 \times 10^{14} cm^{-3}/N_D)^{0.75} \qquad (3-6)$$

求得N_D约为$9 \times 10^{14} cm^{-3}$。

由图3-3可知，器件对应的本征温度T_{int}约为260℃。结温已经接近甚至超过本征温度，造成了器件的过热失效。由于该器件失效后并无断电保护措施，持续的电流会造成芯片温度剧增，由图3-9可以看出，铝金属化层已经融化。由此可以推知芯片的最高温度超过了450℃，且这一过程是在毫秒量级的时间内完成的。由式3-2可知，剧烈的温度梯度致使芯片受到剧烈的应力，导致芯片破裂。

（二）真空造成功率器件热传导路径上的热阻增大

除空洞造成的影响，在真空应用环境中也应考虑热量的耗散问题。这时传导至散热器或PCB板的热量无法通过对流，而只能通过热辐射的方式进行热传递，有：

$$Q = \varepsilon \sigma T^4 \qquad (3-7)$$

其中：Q——热辐射传导能力；

　　　ε——半导体芯片表面黑度（表面辐射率），一般为0.2～0.6；

　　　σ——斯蒂芬—玻尔兹曼常数，其值为$5.67 \times 10^{-8}W/(m^2 \cdot K^4)$；

　　　T——绝对温度（K）。

半导体芯片温度一般在500K以下，依靠热辐射散出的热量很小，例如某功率器件耗散功率为1W、有源区黑度面积为1mm²、芯片温度T=500K、黑度为0.6时，则单位时间内，从芯片有源区上辐射的能量为2mW，仅为器件实际功耗的千分之二。图3-12、图3-13为在某双极型晶体管和VDMOS安装在PCB板上在真空腔中壳温与真空度的关系曲线[1]。在不采取散热措施的条件下，VDOMS的壳温变化超过了100℃。由此可见，由于缺乏有效的散热途径，PCB板或散热板同真空间的热阻很大。

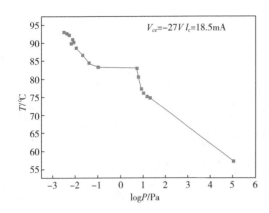

**图3-12 某双极型晶体管壳温与
真空度的关系曲线**

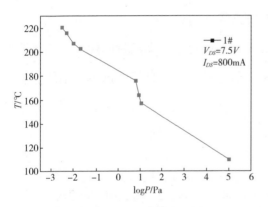

**图3-13 某VDMOS壳温与
真空度的关系曲线**

在缺乏有效散热途径的条件下，器件只能依靠自身热沉及与之良好接触的PCB板热沉散热。由于热沉的热容有限（热容定义为温度每升高1K，材料所吸纳的热量），无法耗散的热量会导致器件热沉及PCB板的温度上升。功率越大，温升越高。显然，对于在真空中应用的功率器件，仅仅依靠自身的热沉已经无法满足散热的需求。

综上所述，为了更好地使用功率器件，必须对功率器件的热阻以及热量耗散方式有足够的了解，并采取合理的热设计方式。首先是降低热传导路径上的热阻，例如，采用热导率高和浸润性好的焊料作为PCB板同底座或散热片的连接材料，优化电装工序，降低电装空洞。其次是对功率器件的电装工序实施有效的检测，如采用X射线照相检测等。最后对于在真空中应用的功率器件，必须采取必要的散热措施，如采用热管作为散热装置或使功率器件与机壳进行物理连接等方式。在条件许可的条件下，应首先开展热仿真分析。

第二节　半导体器件键合界面的可靠性控制

键合系统是实现半导体器件功能的关键因素之一，研究显示异质金属接触是键合系统诸多可靠性问题的根源，这些问题包括金属间化合物的产生、柯肯道尔空洞的出现以及因焊盘沾污导致的键合质量下降等。其中，金属间化合物是异质金属接触时发生化学反应的产物，柯肯道尔空洞则是原子间相互扩散在原位留下空位的一种物理现象，两者相互促进，成为影响键合系统可靠性的隐患。

键合工艺是半导体器件或集成电路生产过程中采用的一种互联技术，用细小金属引线（键合丝）的两端分别同芯片和外壳相连，实现芯片对外的电气连接。当前普遍采用的键合丝主要为金丝或铝丝（但大部分铝丝实际为包含少量硅元素的硅铝丝），不同的键合丝采用的键合工艺有所差异，典型键合系统形貌如图3-14所示。

图3-14　典型集成电路内部键合形貌图

引线键合有两种常用的工艺，分别为使用金丝的热超声引线键合和使用铝丝的超声引线键合。

金丝热超声键合过程中，器件需要被适度加热，金丝穿过由耐热材质制成的空心毛细管劈刀，通过电弧作用在金丝端头成球，超声能量通过劈刀的作用施加于金球，使金球下表面与芯片键合区金属化层表面产生摩擦，形成紧固连接。另一端通过金丝与器件外壳键合区之间的超声摩擦形成连接，通过截尾工序，最终形成完整的球—楔形键合结构。

铝丝在电弧放电时不能成球，因此其设备和工艺同金丝键合不同。在该工艺中，芯片一般无须加热，键合丝和芯片焊盘金属化层之间原子晶格结合所需的能量完全由超声摩擦提供。铝丝键合工艺的形貌特征为两个键合点形貌一致，均为楔形键合点。

典型的金丝键合系统和铝丝键合系统形貌如图3-15所示，其中（a）图为金丝键合芯片端键合点；（b）图为金丝键合第二键合点（管壳端键合点）；（c）图为铝丝键合芯片端键合点；（d）图为铝丝键合第二键合点（管壳端键合点）。

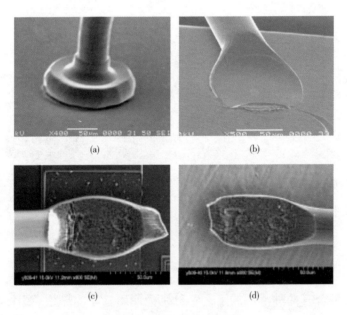

(a)　　　　　　　　　　(b)

(c)　　　　　　　　　　(d)

图3-15　键合点形貌图

一、异质金属接触可靠性问题

（一）金丝键合工艺可靠性

传统芯片金属化工艺采用铝淀积层作为芯片内部互联以及键合区材质，而外壳键合区一般为镍金镀层。对于金丝键合工艺，外壳内引线键合区最终为金—金或金—镍接触界面，虽然存在异质金属接触的可能，但其物理和化学性能稳定，还未发现显著的失效模式，问题主要存在于芯片键合区的铝金属化层和金丝之间的异质金属接触的界面。

键合过程中异质金属接触存在两种显著的失效机理，即金属间化合物的产生以及柯肯道尔空洞的出现。金丝键合系统在工艺过程初期就会生成少量的金属间化合物，少量金属间化合物的出现是金属间原子有效结合的表现，可起到增强键合强度的作用。然而，金铝键合界面存在一个动态变化的过程，在时间和温度的作用下，化合物首先在厚度上有所增长，并横向扩展。其组成成分也逐渐呈现多元化，存在Au_4Al、Au_5Al_2（白斑）、Au_2Al_2、$AuAl_2$（紫斑）、$AuAl$等诸多金属化合物。这些化合物晶格常数和热膨胀系数以及形成过程中体积变化率均不同，且它们电导率较低，致使电阻率增加，热膨胀系数不同于基体金属，具体性能比较如表3-3所示。随时间推移，最终会导致结合处电阻明显增加，键合强度显著下降，如图3-16所示[2]。此图为175℃环境温度下，金铝界面的金属间化合物生长模式。左排三个图片为化合物纵向生长的结构图，右排三个图片为化合物横向生长的结构图。

表3-3　Au-Al化合物性能比较

参数	$AuAl_2$	$AuAl$	Au_2Al	Au_4Al	Au_5Al	Au	Al
电阻率（$m\Omega \cdot cm$）	50	12.4	13	37.5	25.5	2.35	2.65
热膨胀系数（ppm/℃）	9	12	13	12	14	14	24

根据试验观测，随着老化时间的增加，在键合界面除生成金属间化合物，同时伴随柯肯道尔空洞的出现。柯肯道尔空洞是异质金属接触时，两种金属原子之间彼此向对方内部扩散的产物，扩散流失原子的原有位置未

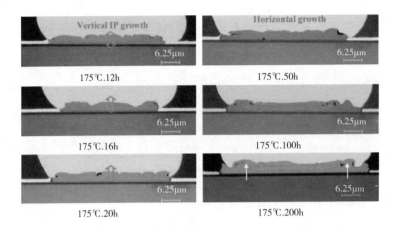

图3-16　金铝界面化合物生长模式图例

被后续原子填充,致使空位出现,这是一种纯粹的物理现象。

扩散使得不同原子充分接触,促进金属间化合物的生成,而金属间化合物的生成则消耗扩散原子,增加原子浓度梯度,促进扩散,导致空洞的出现。随着空洞数量的增加,空洞聚集后最终形成裂纹,使得引线和化合物层分离,造成键合丝脱落,如图3-17所示[2-3]。图示为175℃环境温度,200h试验后,金铝界面生成的金属间化合物组成以及柯肯道尔空洞。

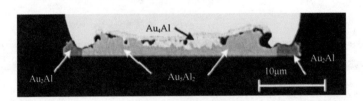

图3-17　柯肯道尔空洞

例如,某设备在常规环境下试验后出现故障,问题定位于某器件内部一根金丝从芯片键合区金属化层脱落。对脱键界面进行电镜扫描分析,发现在键合界面金球表面存在凹坑,而在芯片键合区金属化层表面存在一个与之匹配的凸点。金球上键合界面的主要成分为Au元素,而芯片键合区金属化层表面的主要成分为金铝合金,如图3-18所示。

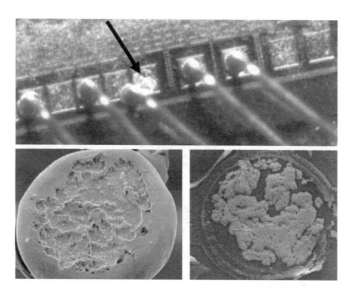

图3-18　失效键合丝外观形貌以及界面SEM图像

上述结果显示，在键合面形成了金属间化合物，键合丝和芯片键合区金属化层之间曾经形成良好的接触，并非虚焊。随着时间的推移，界面金属间化合物逐步增加，这些化合物的热膨胀系数和体积同单质金属差异较大，导致键合强度逐步下降。整机环境试验中的热、力等环境应力加速了键合丝脱键。

（二）铝丝键合工艺可靠性

对于铝丝键合工艺，芯片表面金属化层为铝，不存在异质金属接触问题。在外壳焊盘处一般采用镍金镀层，表面的镀金层作为镍层的保护层。理想的情况下，在键合过程中产生的高温会破坏镀金层，硅铝丝直接与下层镀镍层实现键合。铝镍键合系统非常稳定，数据表明200℃、40天空气中的老化试验都未能观测到键合质量出现明显变化[4-5]。

如果外壳焊盘的镀金层厚度较大，镀层在键合过程中不能被完全去除，则会出现铝—金异质金属界面。不同于金丝键合界面，除受柯肯道尔空洞效应的影响外，硅铝丝与镀金层的界面最终倾向于形成金属间化合物 Au_2Al。该化合物俗称"紫斑"，电导率高、热膨胀系数小，且质脆，会严重影响键合质量。

20世纪90年代，某功率混合集成电路曾多次发生失效，该电路内部使用两种直径的铝丝，对装机同批次产品进行键合拉力测试，无论是380μm还是100μm的铝丝，其金—铝键合点的键合强度均明显下降，且最低值已降至"0"g，断裂模式均为脱键。通过试验检测，排除焊盘沾污以及工艺操作的可能，最终确认失效原因为金—铝键合界面由于金属间化合物以及柯肯道尔空洞的出现降低了键合强度，当随机振动的应力传导至器件内部时，键合点受力断开，器件失效。

（三）非理想情况可靠性问题

上述内容均是在理想情况下进行的讨论，包括焊盘未被沾污、工艺设备状态稳定以及无人为操作失误等。在实际应用中，常见的影响键合系统形成良好异质接触的非理想因素为外壳键合区形貌不完整或被沾污。图3-19展示的是某失效器件外壳键合区表面形貌，焊盘表面在键合前已被划伤，键合时未能形成良好金属接触界面，键合在该表面的键合丝发生脱键，器件失效，其中左图为脱键形貌，右图为焊盘表面划痕显微形貌。

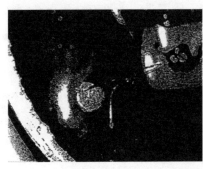

图3-19　外壳焊盘表面被划伤导致键合丝脱键

二、键合系统可靠性增长措施

（一）金丝键合系统的可靠性增长措施

根据对金丝键合可靠性问题的分析，该工艺主要存在芯片端金铝异质金属键合的可靠性问题，属于系统本质问题。但是，元器件发展要求高集成度、小型化，键合工艺所需芯片以及外壳键合区的尺寸将逐步减小，由于铝丝键合要求焊盘尺寸较大，且相同直径的金丝的电导率远高于铝丝的电导率，在很多器件中不可避免要使用金丝键合工艺。

1. 更改芯片金属化工艺

目前，已有研究人员探索使用铜作为金属化材料的可行性，但是选择铜是试图利用其工艺匹配性以及相对于铝的高导电率，并未考虑到键合系统的可靠性，事实上铜与金两种金属间同样存在异质金属接触的问题，而且和金铝结合的失效机理一致[6-7]。此外，工艺更改牵扯一系列技术攻关和硬件改造。

2. 选择替代键合工艺

在元器件制造工艺中，除引线键合的电连接方式，同时还有芯片引线框架焊接、倒装焊以及3D封装三种电连接工艺或封装技术，均可以避免使用金丝[8-11]。其中，引线框架焊接技术已经大规模应用于商用产品的生产过程中，然而引线框架的加工密度受限于材料、工艺等条件，导致引线间距不能过小，节距0.65mm已经算是高密度引线框架，而该节距的器件使用铝丝键合已经能够完全实现，但不能满足现有高集成度器件的工艺需求。芯片倒装焊技术以及3D封装形式中的硅通孔技术也可以避免使用键合丝键合（如图3-20所示），将会是大规模集成电路电连接方式的一个重要发展趋势。

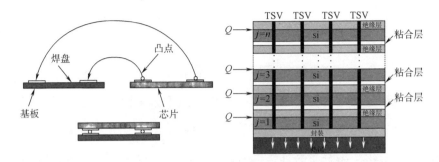

图3-20 倒装焊工艺（左）与3D封装中硅通孔技术（右）

3. 选用新型键合丝材料

根据结构分析的结果，现有部分器件开始使用一种新型的键合丝，该键合金丝中含有重量比为2%的铝元素，与普通金丝材质的比较情况如图3-21所示。铝元素的存在可以额外提供金属间化合物形成以及扩散过程中需要的铝原子，从而延迟柯肯道尔空洞出现的时间并降低其出现的概率。

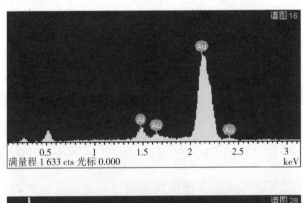

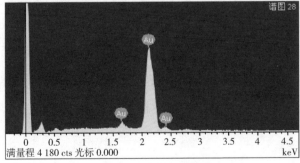

图3-21 金铝合金丝（上图）与传统金丝（下图）材料能谱对比

4. 键合系统可靠性验证方法

依据型号实际应用条件，结合经验公式计算，可以获得键合系统考核所需的技术指标。对于金—铝键合系统，由于存在固有可靠性隐患，有必要通过高温贮存、SEM检查以及引线键合强度试验等方法评价器件在工作寿命内是否可以满足功能、性能要求。除此以外，在一些关键应用场合下，由于器件自热会加速键合失效现象的发生，因此应当明确不允许采用金—铝键合系统。

（二）铝丝键合系统的可靠性增长措施

金丝键合系统可靠性问题的解决思路部分适用于铝丝键合系统，包括：采用新型连接方式、更改外壳端镀层材料等，但由于两者的失效模式不同，这些措施可能存在本质区别。

1. 更改焊盘镀层材料

铝丝键合主要关注外壳端镀层的材料。现在陶瓷外壳上的镀层一般为镀镍镀金层，混合电路厚膜浆料可选金导带、银导带和铜导带三种，银导带存在电迁移现象，铝丝直接键合到铜上，在受热或存在水分时会引起失效，因此在高可靠领域一般选用金导带，仍存在铝丝键合的可靠性问题。使用镀金层或金导带的工艺在一定时期内不会发生变化，所以铝金键合界面存在的风险也将长时间存在。

2. 限制镀金层的厚度

对于陶瓷外壳上的键合焊盘，铝丝和镍层可以形成稳定的连接，然而如果没有镍表面的镀金层保护，镍可能会发生氧化形成所谓的"黑盘"，妨碍异质金属间的正常键合，因此一个可靠的解决办法是保证键合过程中的超声摩擦从而将镀金层去除，进而实现铝丝和镀镍层的直接接触，这就要求镀金层不能太厚。对各主要封装厂家的设备参数进行调研，并对不同厚度镀层进行试验，结果显示当镀层厚度不大于零点几个微米时，可以保证在键合过程中去除键合区的镀金层。然而镀金层过薄又起不到保护镀镍层的作用。根据试验结果，镀金层的厚度应保持在零点几个微米，需要外壳生产单位的精确控制，以及电路制造单位在外壳验收方面的准确评价。

3. 基板上过渡片的使用

对于混合电路，短期内不可避免要使用金导带，出于对成本等因素的考虑，某些大功率的内部元器件又只能采用铝丝键合，这就要求提出一种避免金铝直接接触的措施。不同于单片封装的限制，多数情况下混合电路在基板上有足够的空间供设计师采用可靠性预防措施。一种简单可行的方式是采用键合过渡片结构。

过渡片指的是键合并不直接实现，而是在基板键合区上通过焊接等工艺预先固定一个金属片，键合在该金属片表面，如果该金属片表面无金镀层，即可避免金铝异质金属接触，如图3-22所示，该种工艺已成功使用多年。

图3-22 某混合电路通过过渡片实现铝丝键合过程

第三节 半导体器件键合质量一致性控制

半导体器件的引线键合是借助特殊的键合工具（劈刀或楔）实现的，据有关资料统计，在使用微组装技术生产集成电路产品的过程中，引线键合导致的失效比例为23.2%。

20世纪90年代，因互联系统出现的失效问题比较突出，而引线键合又是互联系统的主要组成部分。在DPA键合拉力测试数据中，按引线拉断的位置区分，失效模式主要分为以下三种：颈缩点断开、引线中部断开和脱键。脱键模式具有致命性，通过对1999年、2000年半导体器件DPA键合拉力数据的分析，在不考虑键合强度合格与否的情况下，存在脱键失效模式的引线键合占试验总数量的1.7%，存在较严重的隐患。对13家半导体器件生产单位进行调研，结果显示有4家单位未实施键合工艺过程参数的统计控制，有7家单位的键合工艺C_{Pl}值小于1，仅有两家单位的键合工艺C_{Pl}值大于1，这与先进半导体企业要求工序能力指数C_{Pk}值大于1.50的要求有较大的差距，如果键合工艺状态不稳定，生产出来的产品键合强度离散性就较大。

为此，组织开展了以下两个方面的工作，一是控制已发生的键合失效的故障模式，对已发生的键合失效的问题进行分析，针对已发生的失效模式采取对应的改进措施；二是采取C_{Pk}技术进行评价，改进设备与工艺条件，要求元器件键合工序能力指数C_{Pl}大于1.33。

一、C_{Pk}定义

工序能力指数C_P是工序能力的量化指标，它反映了生产过程满足产品质量要求的定量能力。

$$C_P = (T_U - T_L)/6\sigma = T/6\sigma \qquad (3-8)$$

其中T_U和T_L分别为工艺参数规范的上、下限，T为工艺参数规范范围。

在工序能力指数C_P的定义和计算公式中，实际上有一个隐含条件，即工艺参数分布中心μ与工艺规范要求中心值$(T_U - T_L)/2$相重合。但在实际生产过程中，这种情况并不多见。以集成电路生产为例，实际生产中采用闭环工艺控制的情况并不多，大多为"间接"工艺控制，因此很难使工艺参数分布中心μ与工艺规范要求中心值$T_0 = (T_U - T_L)/2$重合。例如，集成电路生产中的键合工艺，无法在工艺过程中直接测试键合强度，一般是通过对样品进行键合拉力试验来确定工艺条件。大量的生产实践表明，对于类似"间接"控制的工艺，一般情况下工艺参数分布的中心值μ与规范中心值T_0偏移的程度为1.5σ。图3-23中实线表示的是参数分布中心比规范中心T_0大1.5σ的情况，与规范中心重合的理想情况如图中虚线所示。

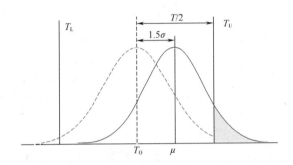

图3-23 参数分布中心比规范中心大1.5σ的分布情况

在规范中心与参数分布中心不重合的情况下，应按下式计算实际的工序能力指数，并记为C_{Pk}：

$$C_{Pk} = \frac{T}{6\sigma}(1 - K) = \frac{(T_U - T_L)}{6\sigma}\left[1 - \frac{|\mu - (T_U + T_L)/2|}{(T_U - T_L)/2}\right] \quad (3\text{-}9)$$

其中K为工艺参数分布中心对规范中心的相对偏离度。

根据以上分析，在现代的工业生产中，工艺参数分布的中心值与规范中心值偏移的程度一般为1.5σ，即$|\mu - (T_U + T_L)/2| = 1.5\sigma$，由（3-9）式可得：

$$C_{Pk} = C_p - 0.5 \quad (3\text{-}10)$$

即工艺参数分布的中心值μ与规范中心值偏移为1.5σ的情况下，C_{Pk}要比C_p小0.5。如果$C_P = 2$，C_{Pk}只有1.5。因此，有时将C_P称为潜在工序能力指数，将C_{Pk}称为实际工序能力指数，简称为工序能力指数。

以上情况是同时存在上规范和下规范的双侧规范。在实际生产中，很多情况下只有单侧规范要求。例如，在半导体器件生产中的内引线键合工序中，要求引线拉力强度大于规定值，这是只规定下规范的情况，通常将这时的工序能力指数C_{Pk}记为C_{Pl}。只有规范下限T_L要求时：

$$C_{Pl} = (\mu - T_L)/3\sigma \qquad (3-11)$$

单侧规范情况下工序能力指数C_{Pl}同工艺不合格品率的关系，同双侧规范情况下工艺参数规范中心与工艺参数分布中心偏离为1.5σ时的工序能力指数C_{Pk}同工艺不合格品率的关系相同。

二、影响C_{Pk}评价的因素

元器件制造过程实施C_{Pk}评价需要制造过程受控，评价结果才能够代表实际工艺水平，影响工艺过程的要素有操作人员（man）、键合设备（machine）、原材料（material）、操作方法（method）、测量（measurement）、环境（environment）这六种因素（又称为5M1E因素），为了保证工艺参数数据服从同一种分布规律，要求生产过程中6种因素在宏观上保持不变，而在实际生产、使用元器件的过程中，上述6种因素均有发生波动情况。

（一）操作人员

以某单位的生产数据为例，两名操作人员在同一台设备上使用$30\,\mu m$金丝进行键合操作，引线拉力强度测试结果如表3–4所示。

表3–4 $30\,\mu m$金丝键合强度数据

操作者工号	子样数	平均值	下限规范	标准偏差	C_{pl}
工艺03#	30	7.5mg	4.5mg	1.25mg	0.8
工艺09#	30	8.5mg	4.5mg	1.12mg	1

从数据来看，03#操作者工序能力指数C_{pl}为0.8，低于正常标准，且有几组键合强度拉力值稍高于下限规范值标准4.5mg，整体数值偏低，一致性较差，键合点变形大小不一致。键合点过大会导致焊点压扁，引线键合强度降低；键合点过小，键合接触端面小，附着力降低也会造成引线键合强度下降。09#操作者工序能力指数C_{pl}接近正常标准，整体水平高于03#操作者，但有塌丝现象发生，主要是尾丝过长造成。通过分析，认为两名操作人员仍需进一步提高操作熟练程度，改正不良操作习惯。

（二）键合设备

键合设备的影响表现在两个方面，分别为设备自动化的程度以及操作人员对不同设备的适应程度。

分析收集的数据，手动设备的键合强度值分散性较大，已成为影响器件可靠性的一个重要因素。为便于比较，选择同一批器件，用手动和半自动设备分别键合了100根引线，测量数据如表3–5所示。两者键合强度均大于5.5g，符合要求，而自动机的C_{pl}值优于手动机。

表3–5　手动机和自动机键合强度对比数据

机型	子样数	下限规范	最大值	最小值	C_{pl}
手动机	100	5.5g	20.8g	9g	1.29
自动机	100		17.5g	10.3g	1.67

同一工艺人员采用同一型号不同编号的设备加工的引线键合强度存在明显差异，表现出人员与不同设备间的适应性有所差异。某员工在1个月内操作A设备，产品的键合拉力强度测试数据的分布情况如图3–24所示，其键合拉力的平均值为0.085N，波动范围在0.073N~0.098N，工艺状况基本稳定。同一员工在1个月内操作B设备，产品的拉力强度测试数据

的分布情况如图3-25所示，其键合拉力的平均值降为0.064N，波动范围在0.053N~0.075N，总体键合强度大幅下降，表现出工艺状况很不稳定。根据员工个人操作感受可看出，客观上存在着员工对设备操作上的偏好（适应和匹配等因素）。

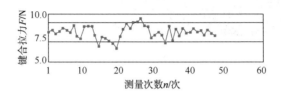

图3-24　A设备产品键合拉力强度测试数据

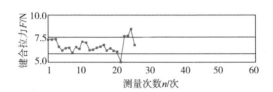

图3-25　B设备产品键合拉力强度测试数据

（三）原材料

通常键合丝的成分、硬度等自身特性直接影响键合质量，如前所述，"Au-Al键合系统"的Au-Al金属间化合物和柯肯道尔空洞问题，会导致脱键问题的发生。

（四）操作方法

如果操作规程中存在内容缺失，工艺人员实际操作过程中将缺少依据，给产品生产带来隐患。例如，某光耦中的光敏管发射极内引线在键合界面处脱开失效，内部形貌如图3-26所示。对工艺操作规程进行检查时，发现当发光管键合丝长度不满足调试要求时，按规定需进行返工操作，需

图3-26　光敏管发射极内引线脱开形貌

要去除光敏管表面涂覆的导光胶。在剥除导光胶过程中会对键合点产生撕裂应力，可能对键合点造成损伤，使键合强度下降。失效器件有明显的返工痕迹，因此判定该器件失效是返工不当造成的失效。元器件生产厂在工艺操作规程中未规定返工的具体实施方法，也没有提示返工可能存在的风险，造成返工过程没有可依据的操作方法，导致元器件出现个体差异。

（五）环境

环境不受控会导致键合区沾污，致使键合质量下降，工艺中易污染的杂质如下。

卤族元素：等离子腐蚀、环氧树脂除气、硅氧烷腐蚀、光敏抗蚀剂的剥离剂、溶液（TCA、TCE、氯、氟化物等）。

镀层污染：光亮剂、Pb、Fe、Cr、Cu、Ni、H。

硫磺：封装容器、环境空气、纸板或纸、橡胶带。

各种有机物污染：环氧树脂排气、光敏抗蚀剂、环境空气、唾液。

其他因素：Na、Cr、P、Bi、Ca、潮气、玻璃、氮化物、C、Ag、Cu、Sn。

某混合集成电路在进行DPA时，出现1只产品中的铝丝内引线键合强度不合格，断裂模式为脱键模式（D），断裂界面位于铝丝与金导带的键合界面处。对断裂界面进行检查，发现在内引线一侧的键合界面上存在明显凸出物，且凸出物不连续，形貌如图3-27所示。对凸出物进行成分分析，结果表明凸出物为Au-Al金属间化合物。在金导带一侧，发现有凹坑存在，形貌如图3-28所示，凹坑处的金属主要成分为金及少量的铝。对金导带表面进行成分分析，发现金导带表面有少量的碳元素存在。对该批次产品进行加倍抽样的DPA试验，发现电路的导带状态、芯片及电阻粘接等均无明显差异，且只有与问题产品编号相近的电路存在脱键模式。通过进一步分析认为不合格产品中金导带表面吸附了少量的有机物，导致有效键合面积较小，且不连续，从而导致键合强度下降。

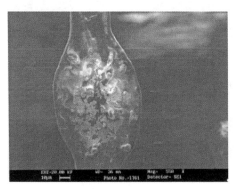 

图3-27 内引线凸出物形貌　　　图3-28 金导带凹坑形貌

（六）测量

测量过程中出现的主要问题是测量数据的有效位数不足，如下面所示的一组测量数据，虽然小数点后有效位数达到3位，但是所有数据在0.001到0.003之间，由于仪器分辨率不能精确到小数点第4位，使得测量数据只有0.001、0.002和0.003三种数值，这种数据不能满足上述关于分辨率的要求，如果对其进行C_{Pk}评价将得不到正确的分析结果。

0.002，0.003，0.002，0.003，0.001，0.002，0.002，0.002，0.002，0.002，0.003，0.001，0.003，0.001，0.002，0.002，0.003，0.002，0.001，0.002。

三、控制措施

根据以上分析，需要针对键合工艺过程中已发生的问题采取措施，消除可靠性隐患，保证 C_{Pk} 评价结果正确、有效。

控制措施包括建立完善的质量考核制度，人员定期培训，从而不断提高操作技能。操作前要考虑不同的芯片、引线柱等因素，结合键合表面状态，调整工艺参数，使之达到最佳组合。分析不同人员在不同设备上生产的结果，获取人员与设备之间的相互匹配关系。根据分析结果优化配置人员和设备，还应要求员工在操作前做键合规范校验拉力值统计分析，合格后再操作。

为保证键合强度分布始终处于要求范围内，应尽量选用状态稳定的设备，如半自动键合设备，由于半自动设备对于待焊面的材料质量、镀层质量、厚度及洁净度均有要求，因此各道工序均处于受控状态时方能体现半自动设备的优势。

采用铝丝键合时，为避免Au-Al键合带来的不良影响，可采取以下措施。

第一，镀金管座压焊点的端头上镀金层的厚度为0.127μm~0.254μm。

第二，压焊点的温度应小于200℃。

第三，采用过渡片或多层金属化的方法。一般功率混合集成电路可采取铜垫片，在垫片的一面淀积铝层，即可进行铝丝键合。

完善元器件的加工组装规程，加强镜检，调试完成后不允许返工。对于楔型键合工艺，工艺规程的制定应遵循以下原则。

第一，为获得高强度连接，键合点直径至少比金属丝直径大2μm~3μm。

第二，焊盘长度要大于键合点和尾丝的长度。

第三，焊盘的长轴与引线键合路径一致。

第四，焊盘间距的设置应尽可能保证金属丝之间距离的一致性。

第五，不建议采用双丝键合，双丝键合会产生成品率低、生产效率低的问题。

对于球型键合工艺，工艺规程的制定一般遵循以下原则。

第一，球的初始尺寸为金属丝直径的2倍~3倍。应用于精细间距时可调整为1.5倍，焊盘较大时为3倍~4倍。

第二，最终成球尺寸不应超过焊盘尺寸的3/4，是金属丝直径的2.5倍~5倍。

第三，闭环引线高度一般为150μm，还取决于金属丝直径以及具体应用。

第四。闭环引线长度不应超过金丝直径的100倍，但在多I/O情况下，引线长度可能要超过5mm。键合设备在芯片与引线框架之间牵引金丝时不允许有垂直方向的下垂和水平方向的摇摆。

在键合前应对键合区表面进行清洁。普遍采用分子清洁方法，包括等离子清洁或紫外线臭氧清洁。等离子清洁是采用大功率RF源将气体转变为等离子体，高速气体离子轰击键合区表面，通过与污染物分子结合或使其物理分裂而将污染物溅射除去。紫外线臭氧清洁是通过发射184.9nm和253.7nm波长的辐射线进行清洁。尽管上述两种方法可以去除焊盘表面的有机物污染，但其有效性取决于污染物的种类。例如，臭氧以及等离子清洁不能提高金属膜的可焊性，其最好的清洁方法是O_2 + Ar等离子或溶液清洗方法。另外某些污染物，如氯离子和氟离子不能使用上述方法去除，这是因为会形成化学束缚。在某些情况下还需要采用溶液清洗，如气相碳氟化合物、去离子水等。

为了能够正确反映工艺参数的分散性，要求采集的工艺数据之间应在最后两位（至少一位）有效数字上有所区别。在对测量仪器进行常规计量的基础上，测量仪器的量程、分辨率、运行状态以及精密度均须满足C_{Pk}评价要求。对于采集数据中出现的异常数据，采用统计工具（如箱线图等）予以判别并剔除。

根据公式（3-11），C_{Pl}值取决于工艺参数分布的中心值μ、标准差σ、规范下限T_{L}，其中μ、σ对于符合正态分布的一组数据为固定值，因此C_{Pl}最终取决于T_{L}，相同的一组数据，T_{L}值取小者，计算得到的C_{Pl}值大，即评价结果因规范下限值减小而趋优，因此需要设置合理的规范下限，才能准确反映出工艺水平的真实状态。对于键合工艺数据而言，T_{L}即为最小键合强度，国内半导体器件生产单位普遍采用GJB 548B中的规定值作为C_{Pk}评价的规范下限，这为统一评价键合工艺提供了良好的条件。元器件生产一般包括几十甚至几百道工序，产品的不合格品率近似等于各道工序的工艺不合格品率的总和。为了保证产品的质量，要求各道工序的工艺不合格品率只能为几个ppm，因此高可靠元器件对生产线的要求是实际工序能力指数C_{Pk}要达到1.50。当前仍有部分元器件的C_{Pk}仅能达到0.80，换算不合格品率（ppm）为1.63%，与航天高可靠元器件"零失效"的要求相差较远，相关工艺状态仍需改进，目前提高工序能力指数C_{Pk}的措施主要有以下几种。

第一，通过优化设计，使规范范围尽量大，对于键合工艺来说，应使键合强度值尽可能大，即设计容限尽量大。

第二，优化工艺条件和（或）更新生产设备，使工艺参数的分散性尽量小，即减少参数分布的标准偏差σ。

第三，优化调整工艺条件，精细操作，使工艺参数分布中心（均值μ）与参数规范中心T_{0}之间的偏差尽量小。

四、C_{Pk}评价实例

某混合集成电路生产厂在工艺攻关过程中发现影响键合工序质量的主要因素有：金丝及压焊区金导带质量，管基座镀金层的可焊性、厚度一致性及平整性，工人操作技能，夹具磨损，设备维护，工艺卫生等。为稳定键合工序质量，当设备、人员状态发生变化时，需要对设备和操作人员进行评价，减小标准差σ，具体可采取以下措施。

第一，改进工艺方法，细化操作流程。

第二，规范设备及夹具的维护保养。

第三，固化原材料的进货周期，尽可能减少由于材料进货批次不同造成工艺参数波动。

第四，改善并维持良好的生产环境条件，以满足产品对现场环境的特殊要求。

在完成工艺状态控制后，选取在该生产线上生产的产品，完成筛选试验后，抽样进行DPA，要求最小键合强度大于2.5g。使用同一台HA-10芯片拉力测试仪进行试验，共积累16批次320个键合拉力数据，所有引线键合强度均合格。

320个键合拉力数据的分布均值：

$$\overline{X} = \frac{1}{N}\sum_{j=1}^{320} X_j = 7.1\text{g}$$

标准偏差：

$$\sigma = \sqrt{\frac{\sum_{j=1}^{N}(X_i - \overline{X})^2}{N-1}} = \sqrt{1.25} = 1.12$$

将上述两个结果代入（3–11）式，得到：

$$C_{Pl} = \frac{7.1 - 2.5}{3 \times 1.12} = 1.37$$

根据评价结果，$C_{Pl} \in [1.33，1.67]$，表明键合工艺控制措施有效，生产状态良好，达到目标要求。

20世纪90年代，半导体器件的内引线键合强度离散性大，DPA不合格情况时有发生，批次不合格率高达10%。为提高工艺质量水平，在元器件可靠性增长工程中，引入了工序能力控制要求，要求元器件生产厂对生产过程中存在的键合工艺缺陷开展专题攻关，对攻关完成后的键合工序实施SPC控制，采用了C_{Pk}评价技术来提高键合强度的一致性，保证了生产中的工艺稳定度。攻关完成后，DPA批次不合格率由10%下降到1%以下，键合工序的工序能力指数C_{Pl}全部达到A级，即$C_{Pl} \geqslant 1.33$，如图3-29所示。

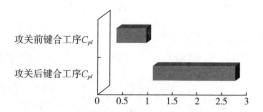

攻关前键合工序C_{pl}
攻关后键合工序C_{pl}

图3-29　键合工序攻关前后C_{Pl}值对比图

第四节　半导体器件内部水汽含量控制

元器件内部水汽含量超标会对元器件的性能、贮存寿命和可靠性带来严重影响。水汽含量超标造成的失效在元器件使用或贮存一段时间后才能发现，一旦发现，一般为批次性质量问题。

经统计，在2000年前后元器件内部腐蚀造成的批次性质量问题中，诱发因素主要是内部水汽含量超标。为此，需加强元器件内部气氛与元器件可靠性相关技术研究，强化元器件内部水汽含量检测控制，协助元器件生产单位提升元器件生产过程中的水汽含量控制水平，形成针对元器件内部有害气氛控制的改进措施，使交付使用的元器件质量得到有效控制。

一、影响及机理分析

水汽作为元器件内部主要有害气氛之一，其危害主要体现在两个方面：首先是导致元器件内部键合点或内引线腐蚀，其次是形成漏电通道导致元器件绝缘性能下降或参数超差。以下分别进行介绍。

（一）导致元器件内部键合点或内引线的腐蚀

由于元器件键合点和内引线没有保护层保护，因此在水和腐蚀介质的作用下更容易发生腐蚀，造成腐蚀部位电阻增大、电流容量和机械强度下降，甚至出现开路失效。这种故障模式不可预见，也没有有效的筛选剔除方法。

如果元器件内部的芯片表面钝化层存在缺陷（如划伤、裂纹、针孔等），裸露的金属化层在水汽或强氧化气体（如氧气等）作用下，也容易形成腐蚀，导致开路。

腐蚀机理如下。铝为比较活泼的金属，容易发生腐蚀。如果芯片上有酸、碱等污物（如有酸、盐或钠、氯离子），在封装气氛中水汽的作用下，酸、碱溶解在水中形成电解质，在电应力作用下发生电化学反应导致电解腐蚀，生成疏松的白色絮状物质 $Al(OH)_3$（如图3-30、图3-31所示），尤其是当钠、氯离子存在时，这两种离子形成催化剂对腐蚀反应起到加速作用。电化学反应方程式如下。

在阳极一侧：

$$Al+4Cl^- \longrightarrow AlCl_4^- +3e^-$$

$$AlCl_4^- + 3H_2O \longrightarrow Al(OH)_3 + 3H^+ + 4Cl^-$$

在阴极一侧：

$$O_2 + 2H_2O + 4e^- \longrightarrow 4(OH)^-$$

$$Al + 3(OH)^- \longrightarrow Al(OH)_3 + 3e^-$$

$$2Al^{3+} + 6H_2O \longrightarrow 2Al(OH)_3 + 6H^+$$

图3-30　键合点及周围铝发生腐蚀的形貌

图3-31　键合点腐蚀形貌

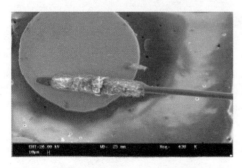

图3-32　电镜扫描下晶体管
内引线外键合点处腐蚀形貌

例如，某晶体管发射极—基极开路，腔体内水汽含量达4.78%，实际应保持在0.5%以下，晶体管发射极内引线在外键合点处存在严重铝腐蚀（如图3-32所示），引起发射极—基极开路失效。腐蚀产物呈絮状附着在内引线表面，其主要成分为O、Al（如图3-33所示），说明铝发生了电化学反应，生成氢氧化铝等物质，致使内引线在键合点处断裂开路，器件功能失效。

（二）形成漏电通道导致元器件绝缘性能下降或参数超差

元器件内部水汽含量超标，可能导致元器件绝缘性能下降或参数超差。含有离子的水汽具备微弱的导电能力，如果元器件内部还含有其他腐蚀性介质，在水汽的作用下更容易引起元器件的绝缘性能下

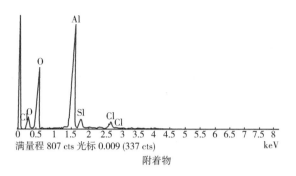

图3-33　附着物能谱分析图

降。另外，吸附在芯片表面的水汽会形成漏电通道，导致元器件的漏电流增大，引起参数超差；元器件内部的导电胶、绝缘胶等粘接材料在高温试验过程中会释放有害气体（如二氧化碳等），如果芯片表面钝化层存在缺陷，由水汽和有害气体（如二氧化碳等）形成的漏电通道对元器件参数的影响更大。

二、原因分析

密封元器件内部水汽含量控制与多种因素有关，以下就材料质量、设备等因素进行讨论。

（一）管壳或封装材料质量

若金属或陶瓷管壳密封性能差，如封口、玻璃绝缘子或盖板漏气，将致使周围环境中的水汽渗入壳体内；另外，如果管壳清洗不充分，同样会影响内部水汽含量的控制。

贴装用胶是释放水汽的材料，胶在固化过程中，水汽不能充分排除，经过长时间老炼，将再次释放水汽，造成内部水汽含量超标。据统计，采用共晶粘接工艺的电路内部水汽含量比聚合物胶贴装的要小很多。

（二）烘焙温度和时间

元器件的管芯和管壳在封装前的烘焙温度和时间也会对内部水汽含量产生影响，如果封装前烘焙不充分（烘烤时间较短或温度较低），封装材料吸附的水汽和其他易挥发物会留存在腔体内部，在高温试验（高温贮存、温度循环）过程中，水汽和挥发物就会释放出来，导致元器件内部气氛含量超标。

三、水汽含量控制的改进过程

（一）严格执行国军标要求

从2000年开始，明确提出国内高可靠元器件内部水汽含量的指标控制要求，半导体分立器件质量一致性检验的周期性检验要按GJB 128A的规定增加内部水汽含量分析，集成电路质量一致性检验的周期性检验要按GJB 548A的规定增加内部水汽含量分析，内部水汽含量应控制在5 000ppm以下，并确定抽样方案为3（0）。

（二）协助元器件生产单位落实标准要求

管壳封装材料的好坏直接影响壳体的密封性，从材料的进厂检验到加工工艺过程控制至关重要。要选用密封性能好的金属陶瓷管壳或玻璃管壳，同时对管壳进行严格的质量检验。还需要注意以下几点。

第一，定期检查、维护封装设备，封装保护气体（如氮气）的纯度也很重要，应尽量提高保护气体的纯度，降低保护气体的湿度。

第二，改进封装工艺过程。对封帽的产品进行严格检查，并采用清洗、高温烘焙等方式去除产品中挥发性气体。烘焙应尽可能在充高纯氮气或抽真空的烘箱内进行。在不影响器件和电路性能及可靠性的前提下，烘焙的温度越高，效果越好。另外，还应避免烘烤后的管芯和管壳再次接触室内的大气环境。

（三）综合考虑成本和效率，提出组合方案

元器件内部气氛的控制实际反映的是设备和工艺的能力，如果按标准逐个品种和批次进行控制，无疑会增加成本。因此，在一定条件下，可以用一个批次一个品种的元器件内部气体含量检测代替多个批次多个品种元器件的内部气体含量检测结果。

（四）水汽含量检测5（1）抽样方案的调整

早期，元器件生产单位生产设备落后，难于完全达到标准，在设备条件没有根本改善的情况下，考虑到元器件质量一致性差的实际情况，增加了抽样样本，确定水汽含量检测抽样方案为3（0）或5（1），即抽取3只样品，当存在1只水汽含量超标且不超7 000ppm时，可加抽2只。经过数年的改进，元器件内部水汽含量水平得到了明显控制，因此将水汽含量检测抽样方案由5（1）重新调整为与国军标要求一致，即3（0）。

（五）对用于长期储存环境的密封元器件提出加严内部气氛控制的要求

根据一些型号长期贮存的需求，对元器件内部气氛控制提出了加严要求，例如，半导体分立器件、单片集成电路、混合集成电路、继电器等密封产品必须进行内部气氛检测。除了水汽含量外，近年来的研究发现，氧气、氢气、二氧化碳的存在亦会对元器件的可靠性造成负面影响。

第一，氧气一方面和水汽共同作用，加速电化学反应，导致内引线键合界面发生腐蚀，造成键合强度下降；另一方面，内部使用的软焊料（如铅锡焊料等）容易被氧气氧化，导致剪切强度下降，影响元器件的可靠性和贮存寿命。

第二，氢气一方面与氧气相互作用形成水汽；另一方面同GaAs器件的金属化系统相互作用，发生置换反应，引起GaAs器件功能退化。

第三，二氧化碳与元器件内部水汽相互作用形成碳酸，对器件造成腐蚀，同时会加速水汽对元器件的破坏作用，影响元器件的可靠性。

根据上述失效原因，结合实际应用环境，对部分航天产品元器件内部氧、氢以及二氧化碳的含量也作了相关的规定。

第五节　内部多余物问题的防治

内部多余物引起的失效是半导体器件的一种典型失效模式。在地面试验和飞行任务过程中存在较大量级的振动应力环境，元器件内部多余物可能离开原来的"安全"位置，成为导致故障的隐患，甚至在飞行器飞离大气层进入真空环境后，也会因失重漂浮，造成器件失效。

半导体器件内部多余物会引起器件的多种失效模式。导电的多余物颗粒可能会引起半导体器件短路，绝缘电阻下降，逻辑功能改变等问题；如多余物含有腐蚀性物质，还可能导致金属化层腐蚀；器件内部水汽和氧气含量过高时，还会引起器件自身产生多余物，即俗称的"长毛"现象。这些现象会引起半导体器件功能退化甚至完全丧失。《微电子器件试验方法和程序》（GJB 548B）中对多余物的控制有明确要求——"承制方应对芯片表面或封装内存在的多余物进行每周一次的检查。这种检查通过常规的内部目检来完成，如果发现存在任何类型的多余物污染，承制方有必要对受检器件样品进行必要的分析，确定多余物的性质，给出调查结果及消除多余物的措施。"

一、案例分析

（一）封装焊料存在缺陷，焊接过程产生多余物

例如，某电路（如图3-34所示）相继出现3起故障，均发生在单板随整机振动试验阶段，定位于内部不同位置的运算放大器（图3-34中N1～N5）失效所致。失效均是由于第2脚与第4脚之间存在导电通路，将-15V引入输入端所致。

图3-34 失效电路内部形貌

经分析：该产品2、4脚之间的导电通路是由于第2脚内引线键合点附近（下部）与芯片划片槽之间存在球形多余物（如图3-35所示），直径约40μm。该多余物在单机加电振动过程中，被吸附到内引线键合点与芯片划片槽之间。根据成分分析结果，可以确认多余物是由封口工艺中的Au/Sn焊料引入的。

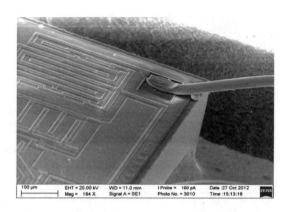

图3-35 失效产品第2脚键合线下方的球状多余物

Au/Sn焊料多余物可能的来源有以下几个方面。

1. 焊料量过大

产品设计规定Au/Sn焊料外框尺寸要小于外壳封口环内沿尺寸，即考虑了避免多余物产生的因素。开盖后对盖板内部Au/Sn焊料流散情况检查，发现焊料边缘流散整齐、均匀、无焊料毛刺，因此该失效机理可排除。

2. 焊料组分异常

对焊料环进行能谱对比，确定焊料组分无变化。

3. 封口工艺异常

对封口工艺主要流程进行分析，排除封口工艺的影响。

4. 焊料缺陷

对焊料在高倍显微镜下进行检查，共检查100只，发现其中1只焊料内部存在气孔。如图3-36所示。

采用有气孔缺陷的Au/sn焊料环进行封口验证，开口发现有一球形多余物，最大直径为64μm（如图3-37所示），与故障产品的球形多余物大小相当。

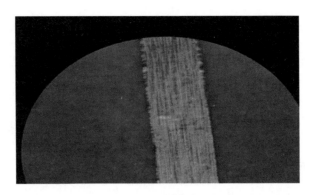

图3-36　焊料内部气孔缺陷

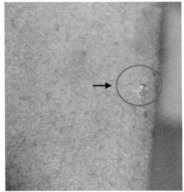

图3-37　气泡焊料封口多余物放大图片

因此判断在封口焊料熔融时，焊料气孔缺陷中的气体受热破裂导致焊料飞溅。由此产生的可移动多余物大部分能够通过X射线检查和PIND筛选剔除。而造成此次问题发生的球形焊料卡在键合丝下，未能在上述试验中进行有效剔除，造成最终的短路失效。

（二）零件毛刺残留在器件内部

例如，在整机调试过程中，发现某公司生产的一只DC/DC电源模块输出±15V公共端与外壳导通。将电源模块盖板取下，复测绝缘，故障消失。观察内部结构时发现盖板里面有一根小的金属多余物（如图3-38所

示）与±15V公共端接线柱相碰。对
毛刺来源进行分析，发现盖板上有
7个通孔，电源接线柱由此穿过，零
件加工通孔时留下的毛刺没有处理
干净，盖板安装后，在后续的使用
过程中，毛刺发生位置移动，最终
与±15V公共端接线柱相碰，造成使
用中出现故障。

图3-38　盖板内金属多余物放大图片

（三）工艺和检验过程控制不严造成多余物残留

例如，在某整机调试首次加电时，输出异常，故障定位于某运算放大
器第9脚与第5脚之间短路。失效分析发现：运算放大器内部存在可移动金
属多余物，将第9脚引线柱与壳体搭接（壳体与负电源5脚相连接），造成
上述异常，该多余物的主要成分为金。生产单位对多余物的来源进行了分
析，判断是镀金层表面的"浮金"微粒吸附在管壳表面，在后续清洗环节
中未将其处理干净。

二、半导体器件内部多余物来源及治理措施

（一）半导体器件内部多余物来源

半导体器件内部的移动多余物分为导电颗粒和非导电颗粒，主要在组
装和封装过程中产生。主要包括如下工序。

1. 组装工序引入

（1）陶瓷基片边缘颗粒的脱落。

（2）芯片装配时，边缘损伤颗粒或其他零件加工过程的飞边、毛
刺等。

（3）电镀工艺控制不严，电镀层不牢固或电镀工序处理不彻底。

（4）制造环境不清洁，非金属类的纤维、毛发等由于静电作用，附着于半导体器件芯片等部位。

2. 封装工序引入

（1）焊料存在气孔等缺陷，导致封装过程中产生多余物。

（2）电流、温度等焊接参数控制不当导致焊接过程的飞溅，产生多余物。

（二）半导体器件内部多余物治理措施

1. 控制多余物的产生

（1）从产品的设计源头抓起，避免和减少使用易藏匿多余物的结构。键合丝角度（如图3-35所示）较小时，易将金属多余物隐藏其中，如在设计时键合丝角度适当加大，可减少隐藏多余物的可能性。

（2）产品制造过程的全程控制。

控制工艺环境，提高洁净度，消除空气中飞落的尘粒、纤维。

控制静电，静电不仅在电路生产使用中易造成击穿危害，还会在制造过程中吸附颗粒物。

封装前严格镜检，剔除多余的键合尾丝或其他残留物。

用高压氮气枪吹洗电路表面，清理可移动颗粒。

从封装设备、工艺参数控制、管壳的封口结构等方面控制金属飞溅物。

控制内部水汽含量，避免腐蚀，消除自身生产多余物的隐患。

明确多余物控制标准，并对作业人员进行培训。

（3）规范中要明确要求。在元器件详细规范的"用户监制"中，明确检查元器件内部多余物的要求，检查芯片表面多余物、管腔内的多余物及沾污等。

2. 检验、筛选措施

由于加工工艺水平有限，在器件出厂前应采取如下必要的筛选措施。

（1）颗粒碰撞噪声检测（PIND）。目前针对多余物剔除的筛选试验普遍采用PIND试验，PIND是一种非破坏性筛选试验方法。通过对电路施加适当的机械冲击应力，使黏附在电路腔体内的多余物成为可动多余物，同时再施加一定的振动应力，使可动多余物产生位移和振动，使其与腔体内壁相撞击而产生噪声，通过仪器检测出来，判断腔体内是否存在金属丝、焊锡颗粒、硅残渣等多余物。

（2）X射线检查。该方法是用X射线照射电路，通过X射线照片或图像可判断多余物的尺寸，是非破坏性的方法，可检查如划片产生的硅残渣、引线键合中的多余线头、密封焊接过程中的焊料微粒等。

（三）多余物控制新方法探讨

1. 传统试验方法的局限性

传统PIND试验方法对多余物的捕捉尚存在一定比例的逃逸率，此方法适用于对可动且体积、质量可以被检测到的多余物进行筛选，但不能确认可动多余物的尺寸和成分。另外，受仪器设备精度、测试系统可靠性等因素影响，可动多余物的重量由大到小接近检测灵敏度时，漏检的可能性将增大。本节的第一个案例中的微粒多余物就未能通过PIND筛选发现。

X射线检测时，器件的金属外壳对射线屏蔽严重，而且受检测设备分辨率的影响，轻质或较小的可动多余物难以分辨。

2. 新方法的探讨

由于传统PIND、X射线等试验方法的局限性，目前一些研究机构已开始进行多余物检测新技术的探讨和研究。如基于随机振动的器件多余物自动检测系统，加宽振动频率覆盖条件，通过选择合适的加速度谱型、幅值和频率范围，发挥PIND方法的最大检测能力；采用直接数字合成技术和推挽式达林顿功率管驱动方法，设计振动台驱动电流，设计声音信号调理电路处理多余物信号，设计校准电路校准系统精度，完善保护电路、振动台及功率放大器等器件；针对PIND试验的振动台设计标定系统，提高PIND试验自动化程度，增强试验系统一致性、稳定性。

参考文献

[1] 何政恩, 萧丽娟, 高振宏, 等. 金脆效应对焊点影响之讨论[J]. 电子材料杂志, 2002, 13(3): 73–78.

[2] 肖汉武. 平行缝焊焊缝质量的评判[J]. 电子与封装, 2015, 15(2): 5–11.

[3] 严钦云, 周继承, 杨丹. 导电胶的粘接可靠性研究进展[J]. 材料导报, 2005, 19(5): 30–33.

[4] 白云霞. 微电子器件真空热特性及可靠性研究[D]. 北京: 北京工业大学, 2009.

[5] 计红军. 超声楔形键合界面连接物理机理研究[D]. 哈尔滨: 哈尔滨工业大学, 2008.

[6] 严钦云. Au–Al键合可靠性及其失效机理研究[D]. 长沙: 中南大学, 2006.

[7] 苏杜煌. 混合集成电路中Al/Au键合可靠性评价研究[D]. 广州: 广东工业大学, 2009.

[8] 李松. 超声键合界面金属学行为研究[D]. 哈尔滨: 哈尔滨工业大学, 2006.

[9] LUM I, JUNG J P, ZHOU Y. Bonding mechanism in ultrasonic gold ball bonds on copper substrate[J]. Metallurgical & Materials Transactions A, 2005, 36(5): 1279–1286.

[10] BREACH C D, WULFF F. New observations on inter−metallic compound formation in gold ball bonds: general growth patterns and identification of two forms of Au 4 Al[J]. Microelectronics Reliability, 2004, 44(6): 973−981.

[11] 王凤娟, 朱樟明, 杨银堂, 等. 考虑硅通孔的三维集成电路最高层温度模型 [J]. 计算物理, 2012, 29(4): 580−584.

第四章

存在变数，探索的重点
——大规模集成电路的可靠性问题

⋀ 大规模集成电路的质量保证

⋀ 芯片设计与制造问题

⋀ 内引线短路问题

⋀ 引出端疲劳损伤问题

⋀ 其他新器件应用的可靠性问题

电气系统朝着智能化、数字化的方向不断发展，元器件的功能随之日益复杂，集成度也越来越高，而封装尺寸却在不断减小。大规模集成电路的成熟应用，需要解决在芯片设计、流片、封装设计、软件设计等诸多方面出现的新问题，这就向设计师以及质量保证人员发出了新的挑战。

第一节　大规模集成电路的质量保证

一、复杂电子元器件

20世纪90年代以来，采用时序以及逻辑状态固定的通用元器件已经不能满足航天电气系统研发生产的诸多要求。美国航空航天局（NASA）的火星登陆器的着陆设备、机械臂以及行走控制系统均使用了大量现场可编程门阵列（field programmable gate array，FPGA）器件；卡西尼（Cassini）号土星探测飞船的主控计算机使用了一款超高速、辐射加固专用集成电路（application specific integrated circuit，ASIC），并在后续火星探测以及小行星带探测项目中得以沿用。NASA开发的基于SPARCV8 LEON2构架的AT697则是片上系统（system on a chip，SoC）的代表，被广泛应用于远程无线智能传感器、时间测量系统等设备。国内，FPGA、SoC、ASIC等大规模集成电路在航天型号的规模应用已经开始变得较为常见。

这类集成电路有现场"可编程的"和"专门设计"两大特点。前一特点使得用户可通过编程改变器件的内部时序以及逻辑关系，典型产品包括复杂可编程逻辑器件（complex programmable logic device，CPLD）、FPGA等。后一特点则是由用户根据应用需求提出或直接完成电路设计，由制造方完成元器件的生产制造，元器件产品的功能、性能固化，典型产品包括ASIC和部分SoC。NASA在2004年发布的《NASA保证人员用复杂电子器件指南》中将此类集成电路统称为复杂电子元器件（complex electronics，CE）。

通过已发布的文献资料可以看出，过去10年中，NASA为转变复杂元器件质量保证研究落后于元器件技术发展速度的被动局势，开展了一系列专项研究，并开展试点工作，目前已初步建立了系统化的复杂元器件质量保证机制。

2002年，NASA对其参与的29个航天项目中的可编程逻辑器件的使用以及硬件、软件的质量保证情况进行调查，发现质量问题突出存在于产品设计以及研制这两个方面。其中研制过程问题主要集中于：CE相关规范不完备，配置管理不当，设计—编程—测试—再设计的循环认识不充分，CE质量保证人员缺乏足够的技术知识储备。调查结果同时表明：2/3的项目没有进行设计、源代码的质量保证审查，2/3的程序没有质量保证测试验证，80%的编程过程没有质量保证证明。

针对上述问题，NASA相继开展航天与工业界CE保证的比较研究、CE软件过程保证研究以及FPGA独立验证与确认等专题研究项目，并充分借鉴了美国联邦航空管理局（FAA）将软件与硬件相结合的质量保证方法。

2005年NASA建立CE保证过程的专门网站，将"NASA保证人员用复杂电子器件手册"（NASA-HDBK8739.23，2011）作为总部及各中心（含元器件部门）的合同引用文件及培训教材，内容覆盖了CE的综述、设计过程、过程保证、设计与保证等多方面的内容。

NASA关于复杂电子元器件（CE）质量保证的主要做法如下。

（一）重视过程保证

NASA认为质量保证是为使产品符合规定的技术要求而策划实施的一系列必要活动。考虑到CE所具有的软件属性，NASA更强调对CE产品的生产过程进行管理与控制，针对包括概念设计、设计、实现、运行和维护在内的各寿命周期阶段，规划开展相关的过程保证工作，主要包括：质量保证计划的制订、评估与落实；对CE需求的准确性、完整性及系统兼容性的评估；对设计工具的适用性、设计过程的规范性、配置管理的有效性、设计编码标准的统一性的评审与确认；对CE设计与需求符合性的评估；对设计综合所用约束条件合理性的评审；对CE测试充分性的评估；等等。

NASA通过文件评审、检查、审核、分析等手段对CE寿命周期各阶段已批准的计划、程序、标准的执行情况进行监督和管理，确保在工程项目实施中建立并遵循良好的开发环境，有效提升CE质量的可信度，避免变更过多对产品最终成本和可靠性造成不良的影响。同时，NASA建议采用覆盖开发周期不同阶段的量化评估方法以促进产品质量的提升。

（二）重视质量保证人员的专业化

以需求阶段的工作为例，质量保证人员应主要关注系统需求在CE的设计与实践中的可追溯性。拥有CE的背景知识将有助于系统质量保证人员准确评估系统对CE需求的准确性、完整性及其与系统其余部分的兼容性，而大多数系统质量保证人员缺乏必要的CE背景知识，这会导致评估工作通常仅停留在系统层面上。对于硬件质量保证工程师需要进行CE设计与需求的符合性评估、充分性测试评估等多项工作，面临着与系统质量保证人员类似的问题。

（三）重视全过程的验证

NASA发现设计师可通过使用CE来回避严格的软件保证过程要求，却同时回避了重要的验证过程。为此，NASA将CE验证作为与研发平行的设计研制活动，在研制周期的各个阶段均明确了不同的验证任务。同时为保证CE设计过程评估的正确有效性，对于非常复杂以及关键的器件，需进行独立验证与确认（IV&V）工作，并强调有实际意义的验证工作必须建立在对器件本身及完成设计所需工具的充分了解的基础上。

目前，NASA在将CE作为硬件进行质量保证的基础上，尝试通过强化软硬件协同设计与验证、系统建模等途径来化解未来SoC、FPGA内嵌微处理器及可重构计算等技术壁垒，并积极应对CE质量保证所面临的新挑战。

二、大规模集成电路应用的问题与对策

近年来，为满足电子系统集成化、小型化、高性能、低功耗等需求，大规模集成电路的集成度在提高，应用数量在增长。从使用中所发现的相关质量问题来看：一方面，问题集中在器件本身的固有可靠性上，主要表现为产品的电路设计、工艺设计、封装结构设计及产品测试充分性等方面存在缺陷；另一方面，表现为质量问题与产品的使用过程有关，涉及的相关规范不完备，研制与应用过程保证能力不足，设计与保证人员缺乏相关知识，测试、验证不充分等问题。

（一）持续提高产品的质量控制意识

随着经验的积累，元器件质量保证人员逐步认识到众多大规模集成电路软硬兼具的特性，可将其作为独立的元器件门类加以管理。航天一院在21世纪初以来陆续针对硬件描述语言制定了《可编程逻辑器件应用设计规范》，按照软件工程化要求对相关软件实施管理，对设计依据、设计准

则、设计程序、设计内容、设计方法、设计验证试验与要求均做了规定，并印发《FPGA选型与应用要求》《FGPA软件工程化要求》等规范，用于规范FPGA的选型与应用。

2012年，航天一院发布的《航天型号量化手册》进一步对可编程逻辑器件软件开发及SoC研制提出了量化控制要求。

（二）统筹选型

目前，大规模集成电路的应用过程依赖于第二方以及第三方提供的开发测试工具与评测工具，因此产品选型应统筹规划、集中选择，充分利用有限资源引进高端设计以及评测工具，同时不断提高设计师及质量保证人员的技术能力。

从应用中出现的质量问题来看，在器件的基础设计能力与制造技术仍需进一步提升的前提下，在选取品种时，应侧重考虑产品在现有型号之间以及与未来型号之间的应用继承性，尽量减少品种，极力控制风险。

（三）关注专业技术储备与基础能力建设

对近年发生的设计相关质量问题进行分析可以发现，有相当高比例的质量问题是由于对产品设计及使用方面的基础知识欠缺所致。这同应用设计师及质量保证人员的知识背景相对单一（仅限于软件或硬件本身）有关，如果对"软的硬件"的特点缺乏全面认识，就难以全面遵循产品应用设计规范。针对此现状，后期需要逐步提升质量保证队伍的专业知识储备能力。

由于产业技术集成度高，相对完整的应用设计链条需投入大量资金，单个产品设计单位难以拥有全面的设计和验证资源，加之国内自主知识产权资源的不足、各同行单位间技术链条互补性差，难以实现完整的设计验证流程，使产品应用设计存在隐患。针对因任务研制周期短、第三方独立验证能力不足导致的设计质量问题，相关单位已启动了对设计应用质量评测与验证的规划。

（四）注重产品设计生产过程保证

针对大规模集成电路产品研发、生产和使用过程所强调的管理与控制，NASA将产品保证工作融入过程保证的本质可理解为：在产品全寿命周期（概念、设计、实现、工作、维持）内确保对批准的计划、过程、标准和分析等要求执行无误，达到提高最终产品质量的目的，这与目前相关产品的质量保证工作思路存在诸多相同之处。后续的质量保证工作将在充分研究NASA等机构已有成果的基础上，结合我国航天电子系统及元器件产业现实条件，制定适合的工作质量标准，系统规划并落实过程保证措施，最大限度地构建可控的产品研制过程链条。

第二节　芯片设计与制造问题

在大规模集成电路自主研制过程中，在电路设计、芯片制造、封装等方面存在一些典型的质量问题。

第一，仿制的被动。一些系统的设计生产单位在初始设计时，往往会选择进口产品。一些元器件研制单位在进行产品研发时，也会以用户选用的进口元器件为所交目标，因此总处于被动仿制状态。

第二，产品设计、流片等问题频发。随着半导体工艺的发展，元器件的设计难度越来越大，特别是大规模集成电路的反向设计已经难以实现，开展正向设计势在必行。近年来，一些元器件承制单位抛弃原来纯粹反向设计的思路，开展反向设计与正向设计相结合甚至完全正向设计的方法，取得很大进步。但是，无论是反向设计还是正向设计，元器件自主研发过程中与电路设计、芯片制造等方面相关的质量问题仍然需要投入大量的精力去解决。

一、产品设计原因导致的失效

某款SoC，在其研制过程中先后发生四个同产品设计以及兼容性有关的问题。

问题一：某逻辑运算错误。系统整机验证时，由于该SoC使用的CPU内核直接选用某外购IP核，其固有的Bug导致在特定运算模式下出现运算错误。

问题二：内部集成某协议处理器与外部总线收发器兼容问题。总线通信节点包括协议处理器与信号收发器两部分，但因工艺不兼容，该SoC只集成了总线协议处理器，当需要与外部通信时，还需要外接一个信号收发器。因该SoC内部集成的总线协议处理器输出脉冲宽度设计未充分考虑后端总线收发器对输入波形的要求，导致通信时出现数据传输不稳定现象，是对外部电气环境适应性考虑不足引起的。

问题三：外部中断优先级不能通过软件进行配置。某计算机使用该款SoC时，需要对外部中断进行优先级配置。但产品设计时未考虑中断控制设计，导致内部控制单元无法实现正常的中断响应和控制，这是由于用研双方在产品研制初期需求对接不充分引起的。

问题四：I/O访问信号相互间时序不能通过软件进行配置。在设计外部I/O访问时，读、写、地址等信号间时序固定，并没有考虑外部电路可能存在的差异，当使用特定的外设时，可能会读写出错。该SoC需要访问外部的一个存储器，地址选通信号给出后，原来所确定的存储器在$1t$时间内可将所需的数据准备完毕，因此该SoC设计了固定的$2t$时间后去读外部存储器数据，当外部存储器数据响应时间大于$2t$时，就会造成该SoC数据读取失败。这是由于SoC对外部电气环境适应性不足引起的。

对上述问题进行分析，可得出如下结论。

第一，器件的接口和配置同实际应用电气环境不兼容。上述两项设计问题，均是由于器件研制承制方未考虑用户实际应用需求和设计容差要求，而导致所设计器件与实际应用的电气环境之间适应性的不足。

第二，外购IP的设计分析和验证不充分。对于外购IP核，尤其是软核的设计分析和验证不充分，往往采用"拿来主义"的直接嵌入方式，对IP核存在的Bug，甚至安全性认识不足，给自主研制元器件的质量带来隐患。因此，对于处理器、存储器等关键复杂的电子元器件，所采用的外购IP核应经过充分的性能安全性评价与验证。

二、芯片制造原因导致的失效

某电气设备在进行温循试验过程中，在低温-40℃环境下测试时，出现输出异常。故障是由于CPLD的全局布线池（GRP）部分功能点失效，导致用户编程实现的串并转换功能失效。

全局布线池主要用来实现连线编程，用户代码通过相关软件进行综合，布线完成对开关矩阵的控制编程，从而实现所需要的逻辑功能，开关控制是通过对E^2PROM存储单元的编程和擦除来实现开关的开启和关闭，编程后互联线的性能对CPLD的可靠性和稳定性影响较大，其中互联线性能主要受E^2PROM存储单元编程质量、晶体管性能、金属互联走线、寄生效应的影响。

经分析，E^2PROM存储单元失效导致编程质量下降，在多级级联编程情况下出现CPLD逻辑功能出错。

E^2PROM存储单元的剖面示意如图4-1所示，ONO氧化层的厚度T_{ox}决

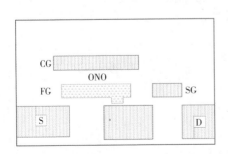

图4-1 E^2PROM存储单元剖面示意图

定浮栅储存电子的能力，直接关系到MOS管的饱和电流与阈值电压。饱和电流的变化量与ONO氧化层厚度变化量的关系如下公式：

$$\Delta I_{\mathrm{d}} = A\Delta T_{\mathrm{ox}} + \varepsilon \Delta T_{\mathrm{ox}}^{2} \qquad (4\text{-}1)$$

其中，ΔI_{d}为受氧化层厚度变化影响导致的饱和电流变化量，A为与源漏电压等相关的系数，ε为各种工艺因素引起的二级效应系数，ΔT_{ox}为ONO氧化层厚度的变化量。在通常计算中，由于二级效应较小，可以忽略，因此上式可以写为：

$$\Delta I_{\mathrm{d}} = A\Delta T_{\mathrm{ox}} \qquad (4\text{-}2)$$

不同ONO厚度T_{ox}（典型值200Å）对应的E^2PROM存储单元饱和电流的变化量ΔI_{d}如表4-1。

表4-1 不同T_{ox}对应的E^2PROM存储单元饱和电流的变化量ΔI_{d}

序号	T_{ox}（Å）	ΔT_{ox}（%）	ΔI_{d}（mA）
C1	215	+7.5	0.095
C2	213.5	+6.75	0.065
C3	211.0	+5.5	0.030
C4	201.0	+0.5	0.010
C5	189.0	−5.5	0.030
C6	187.5	−6.25	0.060
C7	185	−7.5	0.095

通过不同温度条件（−55℃～+125℃）以及不同电源电压（4.5V～5.5V）条件下的仿真与实测，当T_{ox}相对典型值偏差大于±6%时，E^2PROM存储单元饱和电流的变化量达0.06mA，仿真输出结果错误，上式的一级近似是合理的，但对于全芯片，由于存在多个编程通路级联情况，二级效应也会累加。当T_{ox}相对典型值偏差小于±5.5%时，E^2PROM存储单元饱和电

流的变化量小于0.03mA，仿真输出结果正确。

复查该器件的外协流片厂商提供的商用工艺模型，其各项PCM参数的容差为±15%，远超过±5.5%的仿真极限。产品研制单位在单元仿真模型的建立过程中，未能精确反映重要工艺加工条件、温度和电压变化的影响，致使工艺参数ONO厚度T_{ox}容差过大，而后期测试程序无法完全覆盖用户所使用的全局布线池资源，直接导致不合格器件通过筛选后进入使用阶段。

对上述问题进行分析，得出如下结论。

第一，半导体实现工艺条件下的电路仿真分析不足。在难以获得外协流片厂商提供宽温高可靠半导体单元模型的情况下，元器件生产厂家积极建立自己的单元仿真模型，然而在一段时间内，自主建立的模型还未能够精确反映重要工艺加工条件、温度和电压变化对产品的影响，容易出现对工艺PCM（流片过程控制监视）参数容差范围设定过大的情况，导致工作在较为苛刻环境温度中的产品发生失效。

第二，大规模可编程器件的测试覆盖率不足。对于FPGA、CPLD等大规模可编程器件，实现内部资源组合方式的100%测试是非常困难的事情。生产厂家的测试程序可能已经覆盖了器件内部所有硬件资源，然而内部资源的配置方式千变万化，是元器件生产厂家无法预测的，有可能使得具有设计或生产缺陷的产品通过筛选，最终出现在用户的电路板上。

鉴于上述案例，大规模集成电路后续研制应注意以下问题。

第一，研用对接，积极开展自主设计。在产品的反向设计过程中，容易忽略应用需求的导向作用，出现所设计生产的产品同进口器件以及实际应用状态之间的不兼容。在后续元器件研制的过程中，应实现研制单位与用户单位的无缝对接，研制单位根据用户实际应用需求开展正向的主动设计，实现研制单位与用户单位对产品技术状态全面、深入的掌握。

第二，加强仿真能力建设。国内电路设计、半导体芯片工艺以及封装结构等仿真技术较国际先进水平有一定的差距，加强仿真能力建设是研制高可靠军用产品的基础，能够帮助在有限样品试验和验证不足情况下的问题分析，从而加强综合分析能力。

第三，加强应用验证工作。应用验证是有效连接元器件研制和工程应用的桥梁，能有效地提高国产元器件的成熟度和工程化应用水平。在工程化应用之前，开展产品的应用验证工作能够有效避免相关质量问题对型号研制进度、可靠性方面带来的风险。

第三节　内引线短路问题

由于芯片倒装焊工艺的固有缺点，航天领域用的高密度封装元器件主要还是采用引线键合工艺实现内部互联，随着产品集成度的提高，内部键合丝之间的间距不断减小，在机械应力条件下，相邻键合丝存在发生"搭丝"短路的风险。

一、高密度封装元器件内引线短路问题分析

从功能上来讲，SoC、FPGA、存储器等复杂关键元器件内部引线密集度高，在高冲击、高振动应力作用下，一旦出现谐振，就会出现搭接短路。以某型号SoC电路为例，该产品采用金丝键合工艺，如图4-2所示，在10mm×10mm的内腔内部有三层共492根键合丝，它们之间最小间距可达80μm。

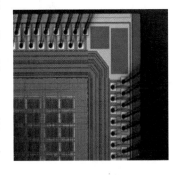

图4-2　产品键合

对于常规的集成电路，键合引线数量较少（100根以下），同时键合丝之间的间距较宽，可以达到数个毫米，机械应力导致的摆动难以对电路的功能实现产生影响。但对于高密度封装的大规模集成电路，键合引线数量较多（部分元器件约500根，最高约800根），为了实现小型化，引线间距客观上只能变窄（不足0.1mm），在引线长度较长（大于3mm）的情况下，受机械应力而发生的摆动就有可能使邻近引线发生搭接。

电气设备在选用高密度封装大规模集成电路时，必须考虑内引线短路带来的风险，必要时应开展相应的验证工作。

某单机进行机械冲击试验以及随机振动试验时，均出现计算机死机现象，原因是设备上所用某款超大规模集成电路（FPGA）耐冲击能力不足，过程中其内部键合引线出现搭接，导致信号异常，最终出现死机现象。

为验证上述问题，工作人员开发专用的测试工装，按规定的振动和冲击应力条件，进行了三个方向的力学摸底试验。

电路在三个方向冲击条件下出现搭丝的情况如下。

X方向：2根。

Y方向：2根。

Z方向：4根。

下图中有箭头的部位即为在冲击时与邻近引线搭接的引线。从图4-3、图4-4中可见，搭接引线全部集中在第三层键合引线（下面两层引线无问题）的边角、引线较长的部位。

经过对产品电路结构特点的分析，得出引起键合丝"搭接"的主要原因有以下几点。

第一，键合丝跨距大。产品外壳"键合指"分三层排布，第三层键合丝两键合点之间的跨距达到4.2mm。

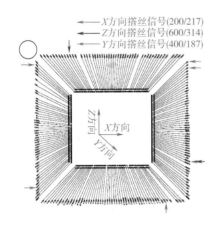

图4-3　冲击搭丝部位示意图　　　图4-4　键合引线"搭接"示意图

第二，两键合点高度差大。产品外壳"键合指"分三层排布，每层"键合指"台阶的高度为0.5mm，芯片表面与第一层"键合指"台阶平齐，这样第三层键合丝的两个键合点之间的高度差达到1.0mm。

第三，第三层键合丝弧形较高。为避免键合丝出现"塌丝"现象，第三层键合丝需设置较高的弧度，键合丝越长，弧度就越高（如图4-5所示），这种弧形可以有效地避免键合丝出现"塌丝"现象。

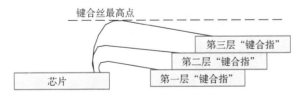

图4-5　键合丝弧形示意图

集成电路内部键合丝对力学环境的适应性，可以简化为图4-6所示的弹性梁对基体随机振动的响应问题[1]。

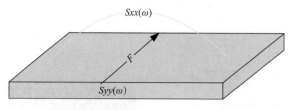

图4-6 力学环境下键合丝运动

典型的系统二阶运动方程为：

$$[M]\{\ddot{x}\} + [C]\{\dot{x}\} + [K]\{x\} = \{f\} \qquad (4\text{-}3)$$

其中：$[M]$——质量矩阵；

$\quad\quad [C]$——阻尼矩阵；

$\quad\quad [K]$——刚度矩阵；

$\quad\quad \{f\}$——力向量；

$\quad\quad \{x\}$——响应向量。

首先看结构对单点平稳随机激励的响应，由式（4-3）推出，离散之后的结构只受到随机强迫激励时，其运动方程可表示为：

$$[M]\{\ddot{x}\} + [C]\{\dot{x}\} + [K]\{x\} = \{p\}y(t) \qquad (4\text{-}4)$$

其中：$\{p\}$——一组由0和1组成的n阶常量；

$\quad\quad y(t)$——零均值平稳随机过程。

$y(t)$的功率谱$S_{yy}(\omega)$为已知量。在推导响应$\{x\}$的功率谱$S_{xx}(\omega)$时，通常应用振型分解法缩减为q个自由度（$q \ll n$），即令

$$\{x\} = \sum_{j}^{q} \{\phi_j\} u_j = [\phi]\{u\} \qquad (4\text{-}5)$$

其中：$\{u\}$——节点位移矢量，此处作为一个中间变量。

需要先求出前阶归一化振型，假设阻尼矩阵为正交阻尼阵，则方程（4-5）可以缩为q个单自由度方程：

$$\ddot{u}_j + 2\xi_j\omega_j\dot{u}_j + \omega^2_ju_j = \gamma_jy(t) \qquad (4\text{-}6)$$

其中：ξ_j——第j阶振型阻尼比；

ω_j——第j阶振型频率；

γ_j——第j阶振型参与系数。其表达式为：

$$\gamma_j = \{\phi_j\}^T\{p\} \tag{4-7}$$

由式（4-6）可求出：

$$u_j(t) = \int_{-\infty}^{+\infty} h(\tau)\gamma_j y_j(t-\tau)\mathrm{d}\tau \tag{4-8}$$

其中：$h(\tau)$——脉冲响应函数。

将式（4-8）带入式（4-5），得：

$$x(t) = \sum_{j=1}^{q} \{\phi_j\}\int_{-\infty}^{+\infty} h(\tau)\gamma_j y_j(t-\tau)\mathrm{d}\tau \tag{4-9}$$

于是，其相关函数矩阵为：

$$\begin{aligned}[R_{xx}(\tau)] &= E[y(t)y(t+\tau)^T]\\ &= \sum_{j=1}^{q}\sum_{k=1}^{q}\gamma_j\gamma_k\{\phi_j\}\{\phi_k\}^T\int_{-\infty}^{+\infty}\int_{-\infty}^{+\infty}[R_{yy}(\tau+\tau_1-\tau_2)h(\tau_1)h(t_2)\mathrm{d}\tau_1\mathrm{d}\tau_2]\end{aligned} \tag{4-10}$$

将上式进行傅里叶变换，得：

$$S_{xx}(\omega) = \sum_{j=1}^{q}\sum_{k=1}^{q}\gamma_j\gamma_k H_j^* H_k\{\phi_j\}\{\phi_k\}^T[S_{yy}(\omega)] \tag{4-11}$$

这就是结构对单点平稳随机激励的响应功率谱矩阵求解的一般公式。

上述激励，为单点平稳随机激励，对于多点平稳随机激励，其运动方程式可表示为：

$$[M]\{\ddot{x}\} + [C]\{\dot{x}\} + [K]\{x\} = [R]y(t) \tag{4-12}$$

其中：$[R]$——由0和1组成的$n\times m$阶矩阵。

在公式（4-11）基础上可得：

$$S_{xx}(\omega) = \sum_{j=1}^{q} \sum_{k=1}^{q} H_j^* H_k \{\phi_j\} \{\phi_j\}^T [R][S_{yy}(\omega)][R]^T \{\phi_k\}^T \{\phi_k\} \quad （4-13）$$

因此，键合丝在随机振动中的响应取决于键合丝的质量、材料的阻尼特性以及外部随机振动的频率和能量。目前国内引线键合主要采用金丝或硅铝丝，材料的阻尼特性是明确的，因此在集成电路内部，对于直径固定的键合丝，由于其质量正比于键合丝长度（$M = \rho s L$），键合丝的随机振动响应主要与键合丝的长度正相关，特别是当激励频率达到键合丝固有频率时，键合丝发生共振，此时振幅最大，若振幅超过两键合丝的间距则会发生"搭丝"短路问题。

根据产品键合结构，在腔体边角处，第三层（最上层）键合丝的弧度较高、长度较长，使得键合丝抗振动冲击的能力降低，在振动冲击过程中腔体边角处键合丝出现横向偏移，导致部分相邻键合丝出现搭接，造成短路。

二、高密度封装内引线短路问题的验证方法

目前元器件级的力学试验方法主要包括振动、冲击、恒定加速度等，但相应的试验均是在试验后检查产品的性能，而键合丝在振动过程中的偏移一般为弹性形变，在试验后可恢复到原来的位置，所以传统的元器件试验方法无法对高密度封装内引线"搭丝"短路风险进行识别。在板级或整机级的元器件力学试验中可对产品的性能进行监测，但由于相邻键合丝的搭接未必会引起产品功能、性能的异常，所以常规的板级（或整机级）试验也无法对风险进行验证。

为识别上述风险，必须采用专门的试验设备和方法。目前针对该问题主要采用高速显微摄像或加电监测的方法。

首先应根据产品的应用要求，主要验证随机振动条件下产品的符合

性。随机振动试验条件一般推荐为$0.8g^2/Hz$，试验的随机频率和强度曲线如图4-7所示。

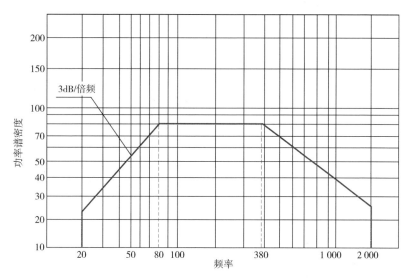

图4-7　功率谱密度曲线

采用高速摄像的监测方法可以直观地观测每根键合丝在振动过程中的状态，但是本方法对摄像系统的要求较高，试验后需要对每一帧图像进行检测，因此试验效率较低，同时存在漏检的风险。

电信号监测方法是通过将相邻的键合丝接高低电平，并通过监测电平的变化判断是否发生"搭丝"问题，键合丝搭接信号示意如图4-8所示。首先把被检测芯片内所有键合丝从左到右编号，奇数号键合丝接高电平作为监测信号，偶数号键合丝接地；其次把每一个接高电平的奇数号键合丝连同其左右相邻的偶数号键合丝作为一组待检键合丝，每一组待检键合丝均采用相同的监测方法；随后监测过程开始，利用本地采样时钟对监测信号进行同步采样，监测并记录碰丝开始时间、键合丝粘连时间、碰丝次数。本方法可在芯片带电的情况下进行，通过碰丝监测单元对监测信号进行处理，提供实时的监测数据，与传统的监测方法相比，监测精度和准确性更高，更加易于操作。

电信号检测方法与高速摄像方法相比的优点在于：其可在芯片带电的情况下，通过碰丝监测单元对监测信号进行处理，提供实时的监测数据，监测精度和准确性更高；另外电信号检测方法可以直接给出所有芯片键合丝的监测数据，与高速摄像检测方法相比更易于操作。

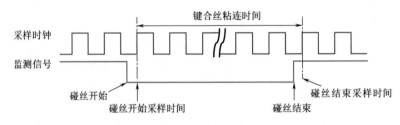

图4-8　键合丝搭接信号示意图

三、内引线短路问题的处理及成效

针对上述内引线短路问题，最直接的解决方法是采用倒装焊结构的内部互联方法取代引线键合工艺，如图4-9所示。倒装焊互联技术是在整个芯片表面按栅阵形状布置I/O端子，芯片直接以倒扣方式安装到布线基板上，通过焊接芯片栅阵端子与基板焊盘实现电气连接，倒装焊可以在相同面积下布置更多的I/O端子，节距能做到更大，与引线键合相比更能适应半导体高度集成化的发展趋势。但事实上由于结构及检测方法等方面的限制，目前具有气密封结构的倒装焊封装尚未在工程中广泛应用。

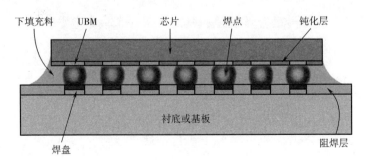

图4-9　倒装焊结构示意图

在无法对原有工艺进行更改的前提下，目前主要通过内引线表面绝缘处理的方法，解决"搭丝"的问题。目前国际上对电路腔体内部的绝缘处理主要采用真空镀膜工艺，在键合丝表面蒸镀一层薄膜，形成绝缘。真空镀膜技术自20世纪80年代开始广泛应用于电子集成、能源等领域，主要用来实现耐蚀、耐热、绝缘或表面硬化等处理。

镀膜工艺利用真空镀膜设备在电路腔体内（包括键合丝）涂覆一层绝缘薄膜（如图4-10所示），可对集成电路内部起到绝缘、防潮以及固定多余物等作用。

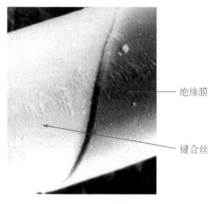

绝缘膜

键合丝

图4-10 真空镀膜后
键合丝SEM照片

为确认镀膜工艺的有效性，针对真空镀膜后的样品可进行热冲击，温度循环，高、低温存储等应力试验，试验后进行扫描电镜及破坏性键合拉力检测，试验结果如下。

第一，镀膜工艺样品经历热学可靠性摸底试验后，薄膜未见明显变化，镜检合格，扫描电镜检查合格。

第二，镀膜工艺样品经历热学可靠性摸底试验后，键合强度无明显变化、三温测试均合格，工作状态正常。因此，镀膜后键合丝仍可满足元器件自身的结构强度要求，同时镀膜本身在高温、低温、温度冲击等条件下均可保证其稳定性。

同时，为验证产品镀膜是否有效地解决了短路问题，对镀膜的样品进一步开展振动、冲击等机械应力试验，可得如下结果。

第一，产品采用的键合丝为金丝，未镀膜前在$1.2g^2/Hz$随机振动条件下，键合丝摆动十分严重，采用镀膜工艺后，明显提高了键合丝的抗振动能力，而在$1.2g^2$/Hz随机振动条件下，键合丝摆动轻微，未发现碰丝现象。

第二，随机振动2h后，扫描电镜观察键合丝表面薄膜未见异常。

第三，未镀膜工艺样品经历器件级机械冲击试验后，键合丝发生了形变；镀膜工艺样品经历器件级机械冲击试验后，键合丝未发生形变，说明镀膜后键合丝的抗冲击能力有明显提高。

第四，镀膜工艺样品在进行器件级加电机械冲击试验过程中，X、Z方向均达到了2 000g以上，未发生短路现象。

第五，采用镀膜工艺的产品通过了型号的地面以及飞行试验验证。

镀膜工艺是在受限条件下的一种应急方法，必要时可予以考虑。

第四节　引出端疲劳损伤问题

近年来，陶瓷封装形式的表面安装电路在进行板级环境试验时，多次发生引出端应力疲劳断裂的现象，成为该类电路需重点控制的失效模式之一。

表面安装电路具有多种不同的封装形式，包括陶瓷四边引线扁平封装（CQFP）、陶瓷无引线片式载体封装（CLCC）、陶瓷小外形封装（CSOP）、陶瓷焊球阵列封装（CBGA）等。近年来，因表贴陶瓷封装引出端应力疲劳断裂引发的失效案例中，CQFP电路约占50%，CLCC电路约占30%，两者均占有较高的比例。

一、典型案例

CQFP，CLCC等表面安装电路目前主要应用于存储器、微处理器等电路，与常规印制板通孔安装封装形式相比，具有体积小、重量轻、封装密度高等特点，二者典型外形如图4-11所示。

图4-11　CQFP、CLCC电路典型外形
（左图：CQFP电路，右图：CLCC电路）

在对CQFP，CLCC等电路进行板级环境试验（如温度循环试验、随机振动试验等）时，电路引出端会受到应力影响，如在温度循环试验中，引出端的焊接结构会承受因热膨胀系数不匹配带来的应力；在随机振动试验中，引出端会承受冲击力等。以CQFP电路为例，针对外引线为直引线的该类电路（如图4-11左图所示），为将电路焊装在PCB板上，外引线需进行必要的打弯成形，典型焊装示意图如图4-12所示。

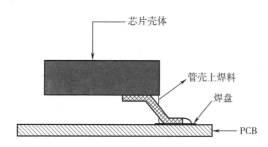

图4-12　CQFP电路外引线与PCB板焊装

CQFP电路陶瓷壳体到PCB板间共有六层结构：陶瓷壳体→焊料（如AgCu焊料）→外引线→焊料（如PbSn焊料）→铜箔（即焊盘）→PCB板。焊装完成后，在单板或整机应力试验时，上述结构如果机械强度不足，可能发生开裂、断裂等失效现象。下面列举了近年发生的典型案例，分析CQFP，CLCC等电路引出端断裂的原因。

（一）案例一

某公司生产的一款CQFP电路，电装后在单板温度循环筛选试验中出现故障。经查电路一引出端出现断裂，位置如图4-13所示。

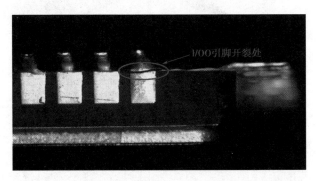

图4-13 陶瓷壳体边角焊接处开裂导致引出端断裂

经失效分析，电路引出端应力缓冲结构与板级安装结构不匹配。温度循环过程中产生的应力无法释放。集中在陶瓷壳体边角焊接处的应力，超出壳体承受极限，使该处壳体发生破裂，进而导致引出端断裂。

单板进行温度循环试验时，引出端承受的应力同陶瓷壳体以及PCB板的热膨胀系数差、温度变化差、材料长度、引线缓冲高度等多种因素有关，定性表述如公式（4-14）所示。

$$\sigma \propto (\alpha_1 - \alpha_2) \times (T_{极限} - T_0) \times L/h \qquad (4\text{-}14)$$

其中，σ为引出端承受的应力；α_1为该PCB板热膨胀系数；α_2为陶瓷外壳（氧化铝）热膨胀系数；$T_{极限}$为低温极限（可记为T_L）或高温极限（可记为T_H）；T_0为零应力温度；L为引出端相对边中点距离；h为引线缓冲高度（L，h定义如图4-14所示）。

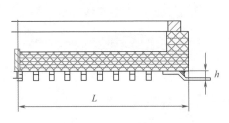

图4-14 L和h定义

该PCB板热膨胀系数α_1约为16ppm/℃，氧化铝陶瓷管壳热膨胀系数a_2约为7ppm/℃，二者相差较大；另外该电路外形尺寸（L约13.3mm）较大，引线成形高度（h约0.7mm）较低，根据公式（4-14）计算可得，温度循环过程会产生的应力较大。

为精确定位引出端断裂机理，建立了管壳—引出端—PCB板仿真模型。在分析计算时，为模拟各结构之间的传力路径和刚度变化，除管壳陶瓷和PCB板外，其他材料均考虑弹塑性本构。选取各结构材料的性能参数，如杨氏模量、泊松比、热膨胀系数等。随后，确定仿真模型承受的温度循环工作载荷，并对模型承受的应力进行分析。

在不考虑电路再流焊焊接残余应力时，由于模型中各结构之间热膨胀系数的差异，各结构会出现不同程度的形变。如PCB板在75℃到-45℃的降温阶段，出现了四边下凹，中部翘曲的变形模式，如图4-15所示。通过仿真计算，管壳陶瓷边角及靠近边角位置的结构（如AgCu焊料、外引线等）会承受较大的应力。

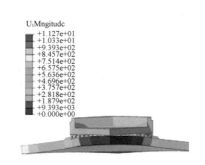

图4-15　温度循环试验中PCB板形变（由75℃降到-45℃）

当仅考虑再流焊残余应力时，再流焊结束时锡铅焊料由熔点高温（183℃）恢复到室温（25℃），在结构中产生残余应力的大小与焊接工艺、材料和应力释放水平等因素有关。残余应力对塑性材料强度影响较小，对脆性材料强度影响较大，计算表明陶瓷结构边角位置会承受较高的残余应力。

通过上述分析，电路承受应力由温度循环与再流焊残余应力共同作用导致，应力分布由管壳陶瓷壳体四角部分向中间部分逐渐递减，如图4-16所示，边角处最大应力约为319MPa。当最大应力超过陶瓷壳体结构强度

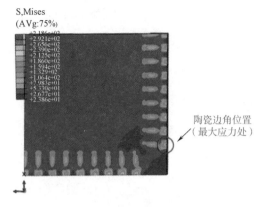

图4-16 陶瓷壳体在温度变化和
回流焊残余应力共同作用下的应力分布

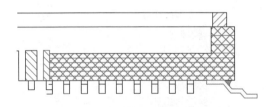

图4-17 外引线成形改进结构

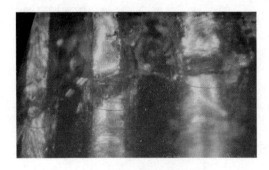

图4-18 某款电路焊点开裂

图4-19 电路外引线L_p示意图

时，引起陶瓷破裂（边角位置处），最终导致外引线断裂。

为增强引线承受应力的能力，通过仿真分析和板级试验（温度循环、随机振动等），确定两种有效改进措施：①对引线进行再次成形，形成如图4-17所示的缓冲结构，增加应力释放的空间；②增加引线支撑高度h，由原有的0.7mm增加到1.2mm，相应扩大应力缓冲释放空间。

（二）案例二

某公司生产的一款封装形式为CQFP的电路，在进行单板温度循环试验后，出现功能失效，发现电路引出端焊点发生开裂，如图4-18所示。

经失效分析，问题定位于电路一侧引出端尺寸L_p偏向尺寸范围下限，导致焊点承载应力能力较差，温度循环试验后焊点部位出现开裂。

电路外引线L_p值偏小（如图4-19所示），将使引出端与焊盘接触面积偏小，焊接强度相对较弱；另外，该产品为陶瓷封装产品，外形尺寸与对应研制替换的塑封产品一致，但产品重量约为塑封产品的2倍至3倍。在"插拔"替换的情况下，引出端承受应力大幅增大。上述两方面因素，使得L_p偏下限电路的焊接强度在温度循环试验后引出端焊点出现开裂。

问题定位后，对影响引出端L_p尺寸的各生产环节进行排查，最终认定出现该问题是由于引出端成形工艺控制不当引起的。在进行引出端成形时，一般是通过将电路壳体反过来放入成形模具凹槽中以限位固定，如图4-20所示。当壳体与模具间隙过大，壳体紧贴模具一侧时，将导致电路一侧引脚偏短，另一侧偏长，如图4-21所示。

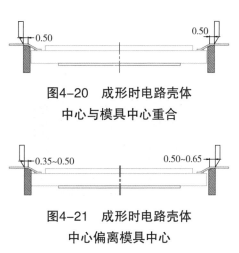

图4-20 成形时电路壳体中心与模具中心重合

图4-21 成形时电路壳体中心偏离模具中心

后续改进措施中，要求厂家严格控制引脚成形工艺，避免出现电路L_p值不一致的现象；同时，考虑到陶瓷封装电路相对重量较大，为增强引出端承受应力能力，陶瓷封装电路L_p值不再与进口电路相同，由0.5 ± 0.15mm增加为0.8 ± 0.1mm，从而保证引出端与PCB板的焊接强度。

（三）案例三

某公司生产的CQFP电路，进行板级随机振动试验时，出现试验数据异常。经查发现电路引出端断裂，示意图如图4-22所示。

问题定位于器件电装后加固方式不当，进行随机振动试验时，电路安装位置振动量级被放大，超过引出端机械强度，导致引出端断裂。

电路在进行板级电装后，四角采用硅橡胶固定，如图4-23所示。由于硅橡胶为软胶，在高量级振动条件下，会在电路引出端上产生往复交变应力，此外由于陶瓷电路重量较大，在长时间应力作用下，引出端最终出现疲劳断裂。

图4-22 电路引出端断裂

图4-23 电路四周硅橡胶加固

后续改进措施中，使用环氧树脂胶替代硅橡胶（如图4-24所示）。环氧树脂在固化后近似为刚性结构，能够减小电路与PCB板间的相对运动，避免电路外引线承受交变应力。采用该方案后，板级温度和振动试验后，引出端断裂现象未再出现。

图4-24 电路四周环氧树脂加固

（四）案例四

某公司生产的一款CLCC封装电路，进行温度循环时，试验数据出现异常。检查发现电路某引出端焊点开裂，示意图如图4-25所示。

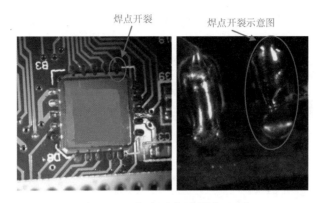

图4-25　电路引出端焊点开裂

经失效分析，问题定位于焊锡"爬坡"高度较低，在进行温度循环试验时，引出端焊点承受应力过大，最终导致开裂。

问题发生后，对影响引出端爬锡高度因素进行分析，认为引出端氧化是引起该问题的主要原因。当电路引出端存在氧化现象时，氧化层会阻碍焊锡浸润，造成焊锡上爬的高度相对较低，承受应力的能力随之减弱，且该故障点位于电路的边角位置，在进行温度循环试验时受到较大的应力作用（参见案例一，该类电路温循试验中受到的应力由中间到四角部位逐渐增大），产生疲劳开裂，造成器件引出端与焊盘连接部位开裂。

在后续改进措施中，使用等离子清洗设备对CLCC封装器件进行预处理，有效去除电路引出端表面的氧化层；焊锡高度严格遵守GJB 3243《电子元器件表面安装要求》，避免焊锡高度不足现象的发生，防止引出端焊点在温度循环过程因承受较大应力产生开裂。

二、原因分析

针对CQFP、CLCC电路近年来多次出现的引出端应力疲劳断裂问题，总结典型案例，得出导致这种问题出现原因有多个：第一，电路引出端设计不当，温度、振动等板级试验产生的应力超出引出端承受能力，导致引出端断裂，如案例一、案例二所示；第二，电路加固方式不当或焊接不良，导致引出端在板级试验中承受应力能力变差，引起断裂，如案例三、案例四所示；第三，缺乏电路板级安装适应性考核，目前CQFP、CLCC电路仅依靠元器件级试验进行考核，缺乏相应的板级安装适应性考核，导致引出端断裂等封装带来的问题只能在板级试验后暴露。

（一）引出端设计

一些自主研制元器件通常要面临从塑封转变为陶瓷封装的要求。为实现电路之间的"插拔"替换，用户通常希望两者间引出端焊接长度尽可能保持一致。在引出端焊接长度基本相同情况下，自主研制电路引出端将在试验中承受更大的应力，增加了引出端出现断裂的可能性。

目前CQFP电路引出端出线方式一般有三种：顶部出线、中部出线和底部出线，如图4-26所示。目前国外电路多选择顶部出线和中部出线方式，自主电路多为底部出线方式[5]。

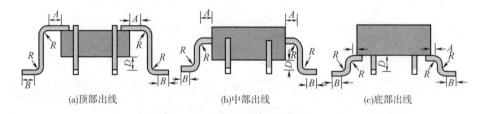

(a)顶部出线　　　　　　　(b)中部出线　　　　　　　(c)底部出线

图4-26　CQFP电路引出端出线方式
A—肩宽　B—焊接面长度　D—站高　R—弯曲半径

下面试分析进口塑封电路与对应国产陶瓷封装电路的对比案例。如图4-27所示，左图为国外塑封电路引出端设计，采用顶部出线方式，其应力释放弯约为3.15mm；右图为对应国产陶瓷封装电路引出端设计，采用底部出线方式，其应力释放弯约为0.3mm。

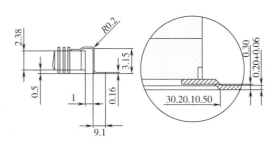

图4-27 案例对比

左图：国外电路引出端设计；右图：国产电路引出端设计

进口电路由于应力释放弯较大，在进行温度环境试验时，承受的应力更容易释放，其应力释放途径如图4-28所示。国产电路应力释放弯较小，基本处于一条水平线，在高低温环境中产生的收缩应力无法有效释放，导致引出端断裂的风险更高。

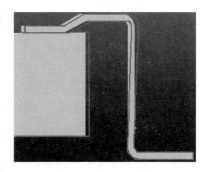

图4-28 进口电路应力释放（红线代表应力释放途径）

（二）电路焊接及加固

CQFP、CLCC电路相对双列直插封装形式，引脚密度相对较大、但应力承受能力相对较差。当电路焊装在PCB板时，如果焊接不良或加固方式选择不当，在板级温度、力学试验中，引出端承受应力的能力不足，可能会导致引出端断裂，因此满足规范要求的焊接以及采取电路加固措施十分必要。

（三）板级安装适应性考核

在元器件级考核中，虽然进行过多项与封装有关的试验，如热冲击、温循、引线牢固性等，但此时电路引出端本身相对自由，引出端表面没有固定焊点，因此元器件级考核试验并不能完全暴露电路封装问题。

三、改进建议

面对CQFP、CLCC电路屡次出现的引出端应力疲劳断裂现象，需要从多方面进行改进。第一，提高CQFP、CLCC电路引出端设计和使用可靠性，分析引出端应力疲劳断裂机理，建立试验应力的有效分布释放机制，完善引出端结构设计，避免发生引出端的不当设计和使用；第二，建立CQFP、CLCC电路板级安装适应性考核方法，对电路外引线设计合理性进行针对性考核，提高电路的应用可靠性。

（一）提高电路引出端设计和使用可靠性

CQFP电路引出端设计时，需根据在航天型号中的实际应用环境，分析所承受的应力种类和量级；通过仿真分析计算等手段，确定引出端最优设计方案，避免出现案例中因引出端设计不当引起的断裂。用户和生产厂家在电路研制时，不仅需对电路的电学性能进行沟通，还需明确电路应用环境，保证电路研制方设计的产品可满足用户需求。为支撑引出端设计的仿真分析工作，需要积极开展相关材料性能研究，如不同引出端材料、陶瓷壳体材料等，积累基础数据，为准确进行仿真分析奠定基础。

CQFP、CLCC电路进行板级安装时，需根据规范要求进行焊接和加固。其中，一种加固方式为环氧树脂四角点胶，环氧树脂在固化后变为硬质结构，可以减少引脚在振动试验中承受的交变应力，提高电路应用可靠性。

（二）建立板级安装适应性考核方法

目前在CQFP、CLCC电路可靠性保障试验中，元器件级试验并不能完全保障封装可靠性。面对近年该类电路引出端断裂问题频发的状况，除加强电路引出端设计外，还需针对型号的应用特点，开展了电路板级安装适应性考核方法研究。研究电路（包括不同尺寸）在不同焊装工艺下，所受应力的类型及量级大小，评估该应力对电路安装可靠性的影响，在此基础上，确定考核试验中安装板的基本要求、电路在安装板上的安装位置、考核试验后的检查项目及判据等，最终建立符合型号应用的板级安装适应性考核方法，进而提高该类电路在型号应用中的可靠性。

第五节　其他新器件应用的可靠性问题

随着集成电路规模的不断增加，除内引线密度增加外，其他新技术（或相对较新技术）也被不断地引入应用，包括倒装焊技术、CBGA/CCGA封装形式等。由于部分新技术尚未具备有效的手段进行观测，且技术储备不足，未能建立有效评估方法，使得电路可靠性设计和应用面临新的挑战。

一、倒装焊芯片的典型失效模式

由于集成度的提升，原来依靠芯片四周边缘制作键合焊盘的芯片设计方式，已经不能满足高密度集成的设计要求，此时倒装焊技术应运而生。在该种工艺中，将带有凸点的芯片倒扣在基板的对应焊盘上，焊点起到连接芯片和外围电路的作用，同时还可作为芯片的散热通道。该工艺需要在芯片上植球，对基板的材料和结构有更加严格的要求。目前该类封装技术存在几种常见的失效模式，包括热膨胀系数不匹配导致失效、底部填充胶分层开裂失效、机械应力导致的芯片损伤失效、电迁移失效以及腐蚀失效等。

（一）热膨胀系数不匹配导致失效

由于芯片、焊球以及基板的热膨胀系数不同，当温度发生变化时，相连材料会产生不同的应变量，出现尺寸偏差，在芯片和基板之间形成剪切力，连接部位会产生周期性塑性应力应变，最终产生裂纹而发生失效（如图4-29所示）。倒装焊器件较低的凸点高度（25μm~100μm）加重了这一问题。

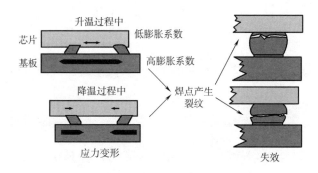

图4-29　热膨胀系数不匹配导致的焊点失效

（二）底部填充胶分层开裂失效

底部填充料会由于真空、辐照等外部环境或内部应力，产生分层和空洞，此现象通常在塑封基板上出现的概率较大。

（三）机械应力导致的芯片损伤失效

在温度循环以及热冲击环境中，基板收缩明显，这使芯片受到向内的应力，致使芯片和基板弯曲，随后导致芯片表面或边角位置开裂，最终失效。

（四）电迁移失效

当器件长时间工作在大电流条件下时，互联部位表面可能产生晶须，导致内部导线连续，从而出现短路现象。

（五）腐蚀失效

对于未进行底部填充的器件，焊点与空气接触，水分等因素易造成焊点腐蚀；对于底部填充的器件，由于填充物非气密，同样可能导致连接部位出现腐蚀。

在很长一段时期内，倒装焊工艺被列为航天禁用工艺，这是由于国内相关工艺仍处于起步阶段，技术成熟度有待提高，此外目前仍缺乏直观有效的评估手段和考核办法。然而，出于对高性能集成电路的需求，该种技术在航天领域中逐步开始应用。国内多家封装工艺研发单位积极推进工艺成熟度的提升，使得进一步规范工艺要求、建立科学合理的考核标准和评估方法具备了讨论的基础。当前的状态下仍需用户在板级考核试验中对器件的适应性做较为充分的评估验证。

二、CBGA/CCGA封装的可靠性验证

传统的双列直插、四边扁平封装等封装形式已经不能够满足市场对于高集成度的应用需求，陶瓷球栅阵列（ceramic ball grid array，CBGA）以及陶瓷柱栅阵列（ceramic column grid array，CCGA）等新兴封装形式随之出现。

关于CBGA以及CCGA封装器件在温度循环条件下的可靠性问题已经有不少的论述，而对随机振动条件下的可靠性问题却描述不多。根据已发现的失效案例，类似封装对结构参数、工艺条件以及材料均有不同程度的敏感性，有必要进行专项验证。

器件通过回流焊方式固定后，采取点胶的方式进行结构加固。同时在器件的边角附近增加开孔，将电路板通过螺丝固定在振动台上，避免振动

过程中由于共振导致的振动量级加大。

器件采用CCGA封装形式，焊柱材料为含铅量90%的铅锡合金（Sn10Pb90），高度1.2mm、直径0.5mm。器件通过回流焊的方式安装在电路板上，焊料为含铅量37%的铅锡合金（Sn63Pb37）。振动试验完成后进行制样。器件连同底部PCB板从整个电路板上切割下来，使用环氧树脂包封后切取截面，通过研磨抛光获取焊球结构图像。

图4-30为器件某截面在扫描电镜下所观测到的结构。器件焊接质量良好，然而在左侧边缘第一、第二焊柱处发生焊柱断裂的情况，且为贯穿性裂纹。

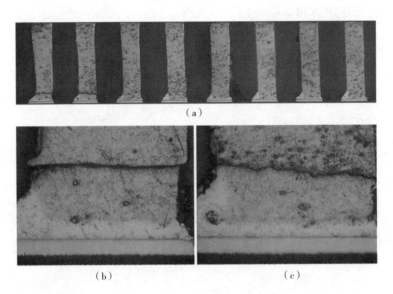

图4-30　振动试验后，CCGA封装器件焊柱焊接抛面在扫描电镜下的观测图形
（a）整体抛面图形；（b）左侧第一焊柱断裂处外观；
（c）左侧第二焊柱断裂处外观

由于温度循环试验中焊点失效的根本原因是PCB板与陶瓷封装体之间的热膨胀系数失配。仿真结果显示高而细的焊柱更容易通过应变吸收热膨胀系数失配积累的应力（如图4-31所示），因此CCGA的可靠性要高于

CBGA。在随机振动试验过程中，焊点开裂的原因是振动冲击以及PCB板在振动过程中的往复翘曲，有必要对CBGA封装器件在相同振动条件下的可靠性进行评估。由CBGA转变为CCGA，最大的影响是焊点的高度。根据仿真结果可知，在随机振动过程中，焊点高度越低其所受到的等效应力越低，利用此点可增加焊点抵抗机械应力的能力。

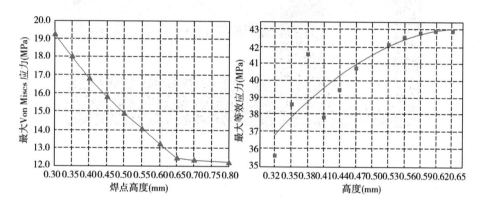

图4-31　温度循环试验（左）以及随机振动试验（右）中，
焊点最大等效应力随焊点高度的变化关系

本试验中采用的焊球材料为CBGA封装常用的Sn10Pb90铅锡合金，焊球直径为0.6mm。Sn10Pb90属于高熔点焊球，融化范围固相线温度为268℃，液相线温度为302℃。回流焊峰值温度设置为217±3℃。

使用相同的测试板，在同样的振动条件下，对CBGA封装器件进行随机振动试验。试验完成后进行截面观测。焊接完成后焊接总体高度约为7.5mm。焊球整体焊接形貌良好，然而在边缘位置的焊球根部观测到焊点开裂现象，裂纹位于焊料与PCB板上镀金焊盘之间，呈现为贯穿性裂纹（如图4-32所示）。

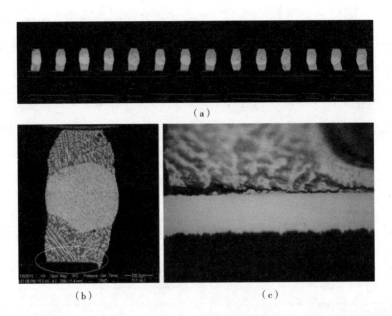

图4-32 振动试验后，CBGA封装器件焊柱焊接抛面在扫描电镜下的观测图形
（a）整体抛面图形；（b）左侧第一焊球形貌；（c）左侧第一焊球断裂处

在针对CCGA以及CBGA封装形式的随机振动试验中，焊点均出现开裂情况，认为两者均不能满足振动环境对器件焊接可靠性的要求。

为进一步降低焊接后的焊点高度，采用一种新型的焊球材料，该焊球同样为铅锡合金材料，但焊球中的含铅量更改为63%，即Sn37Pb63合金。不同于之前的Sn10Pb90焊球材料，Sn37Pb63焊接完成后，焊点呈现塌陷的形貌，焊点高度可以从0.6mm降低为约0.4mm，如图4-33所示。

对采用新型焊球材料的器件焊装后接受随机振动试验，试验后的截面图形显示所有焊点焊接质量良好，未发现焊点开裂现象。

CBGA封装器件的质量通常是相同外形塑封器件的2倍以上，后者焊球材料普遍为Sn63Pb37，在回流焊过程中焊球会发生重熔。对于陶瓷封装器件，如果采用Sn63Pb37焊球，陶瓷封装壳体重量较大的容易导致熔化后的焊球向周围扩散飞溅，发生球与球之间的桥联现象，因此陶瓷封装器件通

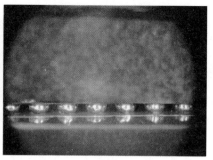

图4-33　Sn10Pb90焊球（左）与Sn37Pb63焊球（右）
焊接后外形结构对比

常选取高铅焊球，在回流焊过程中不熔化，避免短路。

对于所采用的Sn37Pb63焊球，焊球熔化的固相线和液相线温度分别约为183℃、238℃。在回流焊过程中，217℃的峰值温度致使Sn37Pb63焊球处于固相与液相之间的固熔状态，焊球不会发生熔化，能够避免焊球间短路；同时，在高温下由于壳体自身重力，焊球会发生塌陷，高度降低，根据图4-34中的仿真结果，高度降低可以显著减小焊点所受应力，使得焊接结构可承受其所受应力。另外，在焊点高度降低的同时，焊球等效直径得以增加，加大了焊球与焊盘之间的有效焊接面积和结合力，根据图4-34仿真结果得出，此改变可进一步降低焊点所受到的等效应力。

通过对CCGA、CBGA封装形式在随机振动条件的可靠性进行对比分析。在温度循环试验中，CCGA封装的焊柱能够更有效地缓冲热失配导致的应力，提高器件的焊接可靠性。而在随机振动试验中，焊点高度增加反而可能降低焊接结构可靠性，导致焊点

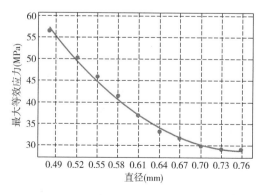

图4-34　随机振动试验中，焊点最大
等效应力随焊点直径的变化关系

发生开裂。不同于常用的Sn10Pb90高铅焊球，Sn37Pb63焊球在回流焊过程中发生塌陷，能够将焊点高度进一步降低，实现随机振动条件下焊接可靠性的提升。由于在器件鉴定检验、筛选、质量一致性检验、DPA以及监制、验收过程中均不会涉及器件在安装状态下的可靠性，因此在器件使用之前，用户应当根据实际应用环境对器件的板级安装适应性进行评估，以确保电路的结构可靠性满足使用要求。

三、验证不充分导致的可靠性问题

参考国外成熟产品开展设计无疑是一条捷径，然而仅凭原理和版图上直观的认识，可能导致基础技术掌握不全面。以可编程元器件为例，某产品通过鉴定试验完成了设计定型工作，用户在整机调试过程中发现该产品某引脚信号输出异常。对产品芯片设计以及工艺进行逐项排查，最终发现，由于测试程序开发人员对电路的功能特性认识不足，测试向量未能覆盖失效引脚功能，导致测试程序存在缺项；在工艺设计时，封装设计文件中的错误导致键合丝连接错误，致使该管脚不能输出正常的电信号。

类似的问题，某可编程逻辑器件（CPLD）在随整机进行的温度循环试验后，常温测试发现计算机输出错误，执行用户程序的过程中功能失效。原因是流片过程中POM参数容差范围设定过宽，而后续的生产测试程序又无法覆盖用户的逻辑设计。

上述案例反映出在复杂电路设计过程中容易出现的两个问题：①反向设计容易造成对产品功能性能方面的认识不够深入；②面向产品的测试程序开发，使得检测错误覆盖率不足。因此，基于用户实际的应用程序，与元器件生产单位合作开发器件测试向量，实现产品在指定应用环境中的适应性显得十分必要。

四、使用过程中的软硬件不匹配问题

典型的大规模集成电路通常需要和相应的软件配合以实现期望的功能，传统工程意义上的硬件与软件之间的分界线已变得模糊，导致产品的验证较传统电子器件存在着质的变化，一些较为隐蔽的软件或硬件缺陷在实际工程应用中才得以发现。

反熔丝型FPGA是一种性能稳定、使用简单的可编程器件。该类产品在应用之前，需要使用专用的软件、编程器以及测试插座对其进行编程，编程过程中编程器内部产生的18V左右的高压会对器件内部物理结构造成预期的不可逆的击穿，因此首次编程后，器件功能将被固定，使其从一个可编程器件变为专用电路。基于上述特点，该类产品采购到翻新件的概率不大（除批次以旧充新的情况），又因为技术条件要求较高，可供货的厂家有限，因此出现假货的可能性也很小。虽然具备上述优势，但该类元器件是特殊的不可检、不可测产品，即便生产厂家也无法进行电性能筛选，该类产品在编程过程中有一定的概率出现编程失效，一旦出现该种情况，器件将无法进行再次编程，最终将无法实现预定功能。2013年，某单机进行成批生产的过程中，使用的某款反熔丝型FPGA在编程过程中出现多次失效，18只产品中有12只在进行编程烧写时，软件提示编程错误，器件不能实现正常功能，且无法再次编程。通过观测，器件外观无异常，与合格批次进行版图比对，芯片表面标识无异常，布线一致，可排除翻新件或假货的可能。用户所使用的软件程序未做任何修改，编程器以及编译软件长期未发生变化。最终为保证生产任务进度，认为编程通过的器件可以继续使用，但问题并未得到最终解决，致使2015年再次进行成批生产时，出现同样的问题。

在对生产厂家的官方网站信息进行搜集和分析后发现：厂家提出实

现反熔丝类FPGA100%可编程能力不太现实，但其对每一个投向市场的生产批进行抽样编程测试，抽样数量的选择能够说明批合格率平均达到98%~99%，批与批之间可能有所差异，但要保证合格率不低于97%。同时，厂家指出为提高产品合格率，会在产品生命周期中对产品的设计和生产进行调整，因此其软件也应相应地进行不定期的升级。为保证产品编程的成功率，要求用户一定要及时地更新相关的软件并采购最新的编程插座，如果厂家发现用户申述的产品编程失效事件中采用的软件未及时进行更新，则所有的损失将由用户承担。

多数情况下，根据用户的软件质量保证要求，一旦软件编写成功，软件及其硬件编程环境将进行固化处理，最大限度地保证后续状态的一致性。然而，由于所用的器件不断地更新变化，编程软件以及硬件环境的固化，反而增加了编程失效的可能。鉴于该隐患的不确定性，用户不能始终保证软件环境满足产品使用要求，最终建议用户考虑改选其他类型产品。

参考文献

[1] 刘延柱, 薛纭. 关于弹性梁的数学模型[J].力学与实践, 2011(33): 74–78.

[2] 王玉龙, 孙守红. 密脚间QFP集成电路引线成形工艺研究[J]. 电子工艺技术, 2010(06).

第五章

不可不关注的问题
——塑封器件及其质量保证

🔺 典型生产工艺及其在高可靠领域的应用现状

🔺 失效模式、机理和应对措施

🔺 质量保证建议

从封装材料的角度来讲，电子元器件的封装主要可分为金属（或以金属材料为主）封装、陶瓷（或以陶瓷材料为主）封装和塑料（或以塑料材料为主）封装等。其中金属以及陶瓷封装元器件在军工以及航空航天等高可靠领域应用中占据主流。在民用电子产品中，塑封器件的使用比例却达到99%以上。塑封元器件分为塑封元件和塑封器件，前者如模压钽电解电容器等，后者如塑封集成电路、塑封半导体分立器件和塑封光电子器件等。本章主要对塑封器件进行讨论。相对于金属以及陶瓷封装器件，塑封器件存在诸多优点。

首先，相对于金属和陶瓷封装，塑封器件在相同条件下可有效减小产品的外形尺寸。

其次，塑封材料与PCB（printed circuit board，印制电路板）的CTE（coefficient of thermal expansion，热膨胀系数）差异相对较小，能够减少热失配造成的应力损伤。塑封材料灌注式的包围方式，在避免了可移动多余物影响的同时，实现了对内部结构的接触式支撑，提升了器件抵抗冲击、抵抗振动的能力。

再次，塑封器件能做成小框架结构，减小了板上寄生电容对传输延时的影响，在高频和微波领域具有优势。

最后，在成本以及供应方面，塑封器件已经能够实现高度流水化生产，且封装所需的原材料价格更为低廉，因此相对于金属和陶瓷封装器件价格优势明显。此外，由于在民用市场的广泛应用，塑封器件通常为货架成熟产品，供货周期短，采购风险低。

基于上述优点，塑封器件正逐步被高可靠应用领域接受。但是由于塑封材料自身的特性，塑封器件的一些固有可靠性问题仍待进一步解决，因而在高可靠领域应用还受到一定限制。本章试图就塑封器件生产与应用、失效模式与机理，以及该类产品的质量保证方法展开一些讨论。

<h1 style="text-align:center">第一节 典型生产工艺及其在
高可靠领域的应用现状</h1>

一、典型生产工艺

塑封器件后端典型生产工艺流程如图5-1所示，包括晶圆减薄、晶圆切割、芯片粘接、引线键合、注塑、切筋和引脚成型、打标及封装后测试。注塑环节对于塑封器件的质量至关重要，在该环节中，通过对温度和压力的控制，将黏流态塑封材料挤入已完成引线键合的芯片及引线框架的固定模具中。经过固化，塑封材料即可实现对芯片和引线框架的包封。所使用的塑封材料通常由环氧树脂做基体，添加固化剂、催化剂、惰性填充剂、阻燃剂、脱模剂、耦合剂、着色剂和其他添加剂。各种材料的含量以及成分由原料供应商掌握。不同供应商、不同等级的塑封材料性能参差不齐，往往需要进行大量的工程验证才能获取最优的工艺组合。

从封装角度来看，芯片键合主要有WB（wire bonding，引线键合）和FC（flip chip，倒装芯片键合）两种，如图5-2所示。从外引出端形式划分主要有DIP（dual in-line package，双列直插封装）、SOP（small outline package，小外形封装）、QFP（quad flat package，四周扁平封装）、BGA（ball grid array，球栅阵列封装）等，如图5-3所示。

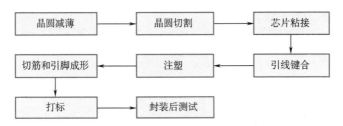

图5-1　塑封器件典型生产工艺

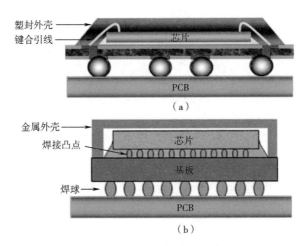

图5-2　芯片键合的主要方式

（a）WB；（b）FC

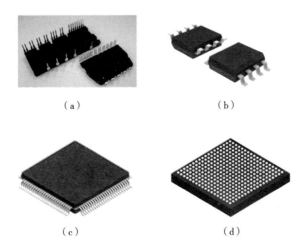

图5-3　芯片外引出端常见形式

（a）DIP；（b）SOP；（c）QFP；（d）BGA

二、在高可靠领域的应用现状

从20世纪70年代开始，国外开始尝试在环境良好的地面设备中采用商用塑封产品（工作温度范围0℃~70℃），20世纪90年代，美国的研究人员开始系统地对塑封产品的质量和可靠性进行研究。经测试结果对比，发现塑封产品在很多关键方面的可靠性并不低于陶瓷封装产品，且价格优势明显。此后，塑封产品开始在一定范围内得以应用，相关的标准和规范被修订，以求在制度上给予支持。近年，随着以SpaceX公司为代表的商业航天企业的快速发展，低成本产品COTS（commercial off-the-shelf，商用非定制）应用于运载火箭和卫星的情况也越来越多，而COTS产品的主力军就是各类塑封器件。

在我国的航天工程应用中，塑封产品的选用比较谨慎。一方面，鉴于型号应用需求和现有工业基础，选用一部分塑封产品在所难免；另一方面，考虑到塑封产品的固有可靠性问题，在规章制度方面始终不完全支持选用该类产品。近年来，随着民用元器件产业的发展，我国在塑封产品研制生产方面取得了长足的进步，积累了相当丰富的经验，已有能力从技术方面支撑高可靠产品的生产和选用，塑封元器件由此成为人们关注的焦点。

塑封产品根据额定工作环境温度范围的不同，可大致分为军级、增强塑封级、军温工业级、汽车级、工业级、商业级等质量等级，部分国外主流元器件生产厂家（如德州仪器TI、美信MAXIM等）逐步推出的EP产品（enhanced plastic，增强塑封），虽然产品种类较少，却表明对塑封材料固有可靠性的研究已经取得了质的突破。

第二节　失效模式、机理和应对措施

一、失效模式、机理

塑封器件在制造、使用以及贮存过程存在着多种失效模式，不同失效模式对应不同的失效机理。制造过程中的失效机理包括裂纹、毛刺、冲丝、麻点等，主要是由材料、设计、设备以及工艺过程控制不充分引起的；在使用过程中的失效现象主要表现为腐蚀失效，由湿气和离子迁移、内部应力失配、外部应力过大引起的参数变化或失效；在贮存过程中由于周围湿热环境因素导致材料性能退化，引起的产品功能丧失或性能退化最为普遍。

以下重点介绍造成塑封器件失效的几个关键因素。

（一）湿气影响

通用的塑封壳体并不能长期防止湿气对内部芯片的破坏。通过毛细管作用，湿气能够通过塑料和引线间间隙渗透到达芯片表面，在芯片表面聚积一层水分子并在此处萃取塑料壳体中的游离离子。铝金属表面的氧化铝膜在这些游离离子的作用下发生溶解，失去对互连金属的保护作用。以游离离子氯离子（Cl^-）为例，将发生如下的化学反应：

$$Al_2O_3 + Cl^- \rightarrow AlOCl + AlO_2^- \tag{5-1}$$

$$AlOCl + H_2O \rightarrow AlO(OH) + H^+ + Cl^- \tag{5-2}$$

当塑封材料对基板、引线框架、键合丝以及芯片表面的黏结性能较差时，易发生剥离现象，水分子更容易在内部聚积，有可能在不同电位的金属化连线之间甚至是在相邻管脚之间形成通道，进一步促进腐蚀和电性能失效。一旦氧化铝膜被溶解，暴露出的芯片金属化层将会以另外的方式被加速腐蚀，反应如下式所示：

$$Al + 3H_2O \rightarrow Al(OH)_3 + \frac{3}{2}H_2 \qquad (5-3)$$

在阳极处，氯离子（Cl^-）的存在起到了催化的作用，反应如下：

$$Al + 3Cl^- \rightarrow AlCl_3 + 3e^- \qquad (5-4)$$

$$AlCl_3 + 3H_2O \rightarrow Al(OH)_3 + 3H^+ + 3Cl^- \qquad (5-5)$$

除上述由于湿气导致的自身失效以外，在电装工艺过程中存在一种更为严重的失效，即所谓的"爆米花"效应，通过对材料和工艺的不断改进这种问题已经很少发生了。在焊接过程中，器件受热致使管壳中吸附的水分迅速汽化，内部水汽压力增加，使得塑封材料膨胀，最终出现分层剥落和开裂的现象。这种现象发生时，通常伴有爆米花般的声响。在塑封材料膨胀过程中，内部产生的剪切应力通常会导致键合线开裂或断裂，甚至使芯片遭到物理破坏。

某电路板进行首次功能验证试验时，发现冗余输出端无信号输出，由于已采取三防漆涂敷，外部目检未能发现异常。通过建立故障树进行排查，问题定位于某单片放大电路功能失效，导致信号中断。找到电路中的对应产品，发现电路表面略微凸起，引脚处存在明显裂纹。通过磨样观测，发现一条裂纹从芯片引线框架边缘开始，贯穿至封装体表面，疑似出现"爆米花"效应，如图5-4所示。通过追溯，采购了该塑封器件同批10只产品，在同一密封防潮袋中存放，拆开包装后已一次性使用5只，其余产品放回防潮袋后，在环境条件不受控的原料柜中存放了1个月，使用时烘焙时间较短，导致内部水汽未完全排除，在回流焊高温下，水汽急剧汽化，使得封装体炸裂。

湿气导致的失效模式包括：电参数漂移、漏电、短路、接触电阻增加以及开路等。

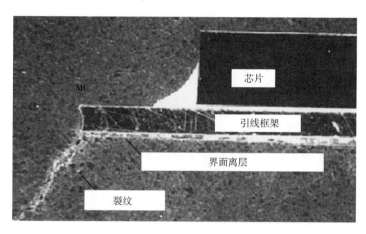

图5-4 "爆米花"效应造成塑封器件封装体出现裂纹和离层

（二）内应力失配的影响

在热冲击或温度循环应力条件下，由于热膨胀系数的差异，塑封器件内部不同组件之间存在应力失配现象。如果内应力大于材料或结构的临界机械强度，将引起诸如芯片表面钝化保护膜破裂、芯片翘曲变形、键合点脱落、键合丝断裂等问题，其中较为常见的是键合结构遭到破坏，图5-5所示在温循试验后，键合点开裂以及键合丝断裂的情况。

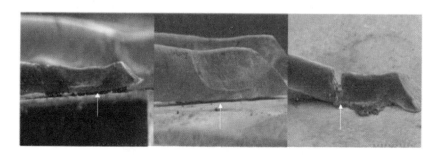

图5-5 键合点开裂以及键合丝断裂

（三）外应力失配的影响

塑封器件的强度和刚度比气密器件低，高强度外部机械应力容易造成塑料封装本体破裂、键合点开裂等。

二、应对措施

对于高可靠领域应用塑封器件，MIL-PRF-38535、IPC/JEDEC标准和GJB 7400等文件中均有明确的质量保证要求，以GJB 7400中对塑封军用器件的D组检验方法为例（如表5-1所示）说明针对塑封器件失效模式、失效机理的主要考核方法。

针对塑封器件的特性，在D组试验中有高压蒸煮、强加速稳态湿热（HAST）、高温贮存、热冲击和温度循环试验项目。

（1）高压蒸煮和HAST试验项目主要用于评价湿气对塑封器件的影响程度，器件长时间置于高温高湿状态，有助于湿气向塑封器件内部扩散，可加速暴露出有质量隐患的产品。

（2）高温贮存、热冲击和温度循环试验项目主要评价内部应力对塑封器件的影响程度。

①对于高温贮存试验项目而言，150℃接近部分塑封材料玻璃态转化温度，不满足可靠性要求的封装体在高温下会逐渐发生变化，引起失效。

②对于热冲击和温度循环试验项目而言，温度的变化引发塑封器件内部热膨胀系数不同的部位之间产生应力，可诱发塑封器件失效。

表5-1　塑封军用器件D组检验

分组	试验项目	GJB 548		抽样数（允许失效数）
		方法	条件	
1	物理尺寸	2016		5（0）
2	引线牢固性	2004	试验条件B_2（引线疲劳）或对不同封装适用的条件	45（0）引线数，最少3个器件
3	a）高温贮存 b）高压蒸煮 c）终点电测试	GB/T 4937 SJ/T 10745—1996	150℃，1 000h 121℃，96h 按器件详细规范的规定	15（0）
4	a）超声检测[1] b）预处理（表贴器件） c）耐焊接热（通孔器件）	2030 GJB 360方法210	按器件详细规范的规定	32（0）
4a）	a）热冲击 b）温度循环 c）目检 d）终点电测试 e）超声检测[2]	1011 1010 2030	C，100次 C，1 000次 按方法1004、1010的目检判据 按器件详细规范的规定 判据按表1B	22（0）
4b）	a）强加速稳态湿热（HAST） b）目检 c）终点电测试 d）超声检测[2]	GB/T 4937.4 2030	130℃/85%RH，500h 按方法1004、1010的目检判据 按器件详细规范的规定 判据按表1B	10（0）

续表

分组	试验项目	GJB 548		抽样数
		方法	条件	（允许失效数）
5	盐雾（盐气）	1009	A	15（0）
6	引线镀涂附着力	2025		15（0）引线数，最少3个器件
7	a）耐焊接热（通孔器件） b）目检 c）终点电测试	GJB 360方法210 2009	按器件详细规范的规定	3（0）
8	易燃性（内部、外部）	GB/T 5169.5—2008	不进行预处理；施加试验火焰持续时间10s	3（0）

注1：检查并记录引线框架（正面和背面）与模塑料之间、芯片基座（正面和背面）与模塑料之间的分层。

注2：检查器件时，呈现任何下列缺陷的器件应判不合格：与4组超声检测比较，引线框架和芯片基座分层面积变化超过10%；芯片表面、引出端引线键合区出现分层；塑膜料出现空洞或裂纹符合GJB 4027A—2006工作项目1103中2.4.4的规定。

第三节 质量保证建议

在高可靠领域，选用塑封器件前应从实际应用环境条件出发，重点考虑湿气敏感性对产品包装、存储和电装等方面的要求，形成系统的质量保证方法。

一、选用基本原则

相对于金属和陶瓷封装器件，选用塑料封装器件时，应在了解其特性及使用环境的基础上，进行充分的论证，以下优点可以作为其选择的基本原则。

第一，塑封器件可以承受强烈冲击、振动，适用于恶劣的力学环境。

第二，同等体积下，塑封器件质量更轻。

第三，塑封器件具有集成密度更高，尺寸更小的优势。

第四，成熟的工艺、更短的开发周期以及低廉的成本，使得更多先进的设计优先应用于塑封器件。

第五，塑封器件可获得性更好。

二、质量等级选择

在选用塑封器件时，应根据使用场合，评估使用塑封器件的风险，确定所需元器件的质量等级。以下的分类仅供参考（如表5-2所示）。从质量控制角度而言，军级器件（如GJB 7400规定的N级）为可控、增强塑封级器件（如美国TI公司的EP级、Vendor Item Drawing供应商项目图纸或VID产品等）为有限可控，其他等级则不可控（由承制方自行控制）。

表5-2 塑封器件质量等级

序号	等级名称	最低温度/℃	最高温度/℃
1	军级	−55	125
2	增强塑封级	−55	125
3	军温工业级	−55	125
4	汽车级	−40	125
5	工业级	−40	85
6	商业级	0	70
7	非标工业级	−55~0	70~125

三、湿气防护措施

塑封器件固有的潮湿敏感性，要求对产品的包装、拆封、储存、装配焊接和返工等环节进行严格的控制。首要任务就是要避免塑封器件吸潮，防护措施包括对整体环境做出要求和对易吸潮部分进行加固；其次是确立可容忍的吸潮限度；最后明确对已经吸潮超限的塑封器件应采取的措施。可参照QJ 165B—2014《航天电子电气产品安装通用技术要求》、IPC/JEDECJ-STD-020《塑料集成电路（IC）SMD的潮湿/回流敏感性分类》、IPC/JEDECJ-STD-033《潮湿/回流敏感性SMD的处理、包装、装运和使用标准》、IPC-9502《电子元件的印刷线路板（PWB，printed wiring board）装配焊接工艺指南》和JEP113A《水汽敏感器件的符号和标记》等标准和要求，在如下几个方面予以关注。

（一）湿敏等级和存储时间

所有塑封器件都属水汽敏感器件，制造厂商根据塑封器件的耐湿程度，将其分为不同的潮湿敏感等级，每一个等级有对应的车间寿命（floor life）和环境湿度要求（soak requirements），如表5-3所示。水汽敏感度在器件封装上有标记，其中1级对水汽最不敏感，6级则最敏感。

表5-3　塑封器件湿气敏感度等级

等级		1	2	2a	3	4	5	5a	6
车间寿命[1]	时间	不限	1年	4周	168小时	72小时	48小时	24小时	TOL（标签时间）
	条件	≤30℃/85%RH				30℃/60%RH			

注1：打开包装后到焊接前的等待时间。

（二）驱潮方法

塑封器件在包装、贮存和使用之前都需要去除塑封器件中的水汽，通常采用常温干燥箱去湿和高温箱烘烤两种方式。基于湿气敏感度等级和包装厚度的不同，烘烤方式也有所差异。塑封器件商将产品装入防潮包装之前需要进行烘烤操作，若在分销商处暴露时间超过24h，也需参照表5-4进行烘烤。器件从防潮包装中拿出，暴露于大气环境中，应参照表5-5进行烘烤。烘烤温度分为150℃、125℃和40℃，温度越高，水汽去除速度越快，但会加快引线的氧化和引线上金属间化合物的形成，影响可焊性；低温烘烤（40℃，低于10%RH）的优点是无须从发货的胶卷盒、卷盘、编带中取出，减少了处理步骤，缺点是降低了效率。

表5-4　塑封器件在防潮包装前烘烤处理

封装本体厚度t（mm）[1]	等级	在一定条温度下烘烤时间（h）	
		125℃	150℃
t≤1.4	2a	8	4
	3	16	8
	4	21	10
	5	24	12
	5a	28	14
1.4<t≤2.0	2a	23	11
	3	43	21
	4	48	24
	5	48	24
	5a	48	24

续表

封装本体厚度t（mm）[1]	等级	在一定条温度下烘烤时间（h）	
		125℃	150℃
2.0<t≤4.5	2a	48	24
	3	48	24
	4	48	24
	5	48	24
	5a	48	24

注1：插装器件的厚度以其本体最小尺寸为准。CBGA封装尺寸大于17mm×17mm或任何堆叠晶片封装，酌情参考上述要求进行烘烤。

表5-5　塑封器件脱离防潮包装时间对应的烘烤处理要求[1]

封装本体厚度t（mm）	等级	在一定条件下（温度和湿度）烘烤时间					
		125℃		90℃；湿度≤5%RH		40℃；湿度≤5%RH	
		>72h	≤72h	>72h	≤72h	>72h	≤72h
t≤1.4	2	5h	3h	17h	11h	8d	5d
	2a	7h	5h	23h	13h	9d	7d
	3	9h	7h	33h	23h	13d	9d
	4	11h	7h	37h	23h	15d	9d
	5	12h	7h	41h	24h	17d	10d
	5a	16h	10h	54h	24h	22d	10d

续表

封装本体厚度t（mm）	等级	在一定条件下（温度和湿度）烘烤时间					
		125℃		90℃；湿度≤5%RH		40℃；湿度≤5%RH	
		>72h	≤72h	>72h	≤72h	>72h	≤72h
1.4<t≤2.0	2	18h	15h	63h	2d	25d	20d
	2a	21h	16h	3d	2d	29d	22d
	3	27h	17h	4d	2d	37d	23d
	4	34h	20h	5d	3d	47d	28d
	5	40h	25h	6d	4d	57d	35d
	5a	48h	40h	8d	6d	79d	56d
2.0<t≤4.5	2	48h	48h	10d	10d	79d	67d
	2a	48h	48h	10d	10d	79d	67d
	3	48h	48h	10d	10d	79d	67d
	4	48h	48h	10d	10d	79d	67d
	5	48h	48h	10d	10d	79d	67d
	5a	48h	48h	10d	10d	79d	67d
CBGA封装尺寸大于17mm×17mm或任何堆叠晶片封装[2]	2~6	96h	根据封装厚度和潮湿等级，参考以上要求	不适用	根据封装厚度和潮湿等级，参考以上要求	不适用	根据封装厚度和潮湿等级，参考以上要求

注：插装器件的厚度以其本体最小尺寸为准。

（三）包装与拆封要求

由于塑封器件存在湿气敏感特性，因此需要采用密封且防潮的外包装，并储存于干燥、无污染的环境中。塑封器件的防潮包装通常包括：干燥剂、湿度卡、MBB（防潮包装袋）、湿敏等级和警告贴纸。不同的湿敏等级有不同的要求，具体如表5-6所示。湿敏等级要贴在包装箱的最底层，警告贴纸要贴在包装袋的表面，干燥剂、温湿度卡和湿敏元器件密封在防潮包装袋中。

表5-6　不同湿敏等级元器件的干燥包装要求

湿敏等级	烘干操作	防潮袋	干燥剂	湿敏等级标签	警告贴纸
1	不做要求	不做要求	不做要求	不做要求	低于230℃时不做要求，达235℃时需要
2	不做要求	需要	需要	需要	需要
2a~5a	需要	需要	需要	需要	需要
6	不做要求	不做要求	不做要求	需要	需要

对器件的水汽敏感度和开封操作需要做出特殊要求。

一旦防潮袋开启，塑封器件必须在规定时间内安装，避免吸潮。对暂时不使用的塑封器件应选择下面条件之一存放。

第一，存放在相对湿度低于20%的环境中直至使用。

第二，密封于有新干燥剂的防潮袋，标注已暴露于环境中的时间，这部分时间应作为总允许暴露时间的一部分。

第三，密封于原防潮袋（无干燥剂）中，不允许贮存期超过标签标注的有效期。

第四，湿敏等级在2a至5a之间的元器件在做防潮包装之前要进行烘烤处理。厂家在进行烘烤和包装期间的裸露时间不可超过24h。如果烘烤和包装期间的时间超过了标准，必须重新烘烤。

（四）储存要求

器件储存分为两种：单纯储存和处于休眠应用状态的储存。这里主要指单纯储存。对于2~5a级湿敏等级的元器件，需要在采用干燥包装的同时，存储在25±5℃、≤10%RH的环境条件下（如图5-6所示）。

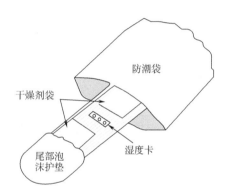

图5-6 塑封器件的经典干燥包装

（五）电装要求

塑封器件的装配焊接包括批量回流焊以及单个元器件贴装、拔出和返工，对其具体焊接过程有如下要求。

第一，从防潮密封袋中拆除包装后，必须全面完成高温回流焊工艺的工艺流程与要求，包括返工，预计工厂时间，重新包装。

第二，塑封器件吸潮后容易产生"爆米花"现象，为避免这样的失效现象发生，首先应将塑封器件内部水汽含量降低到总重量的0.11%以内，可以通过常温干燥箱或者烘烤的方式，烘烤时间和温度必须进行控制；其次在焊接前应利用超声显微镜检查内部分层等缺陷。

第三，塑封器件的工作温度是限定的（主要是由于多数塑封材料的玻璃化转变温度典型值为160℃~180℃），因此必须预防焊接过程中高温造成器件损伤。焊接温度应控制在220℃以下，温度变化率不超过10℃/s，此外对于表贴塑封器件，应优先选用回流焊工艺。

第四，如厂家无特殊说明，塑封器件只允许接受一个烘烤循环，如果必须进行二次烘烤，应咨询供应商的意见，做充分的验证工作。

第五，如果某工序采用了活性清洗液，必须随后采用非活性清洗液去除活性清洗液的残留物质。当使用助焊剂时，需要尽可能减少卤素离子的含量。

第六，对于返工的产品须考虑塑封器件内部的潮气含量。焊接时推荐使用局部再加热法，这样可使得整个电路板不再受到回流焊温度分布的影响。对于空间应用，整块印刷电路板通常要涂敷一层薄的弹性材料（如聚对二甲苯），以防止松散颗粒以及外部沾污对产品产生影响。

（六）防静电措施

若选用静电敏感的元器件，应在电路设计上采取防护措施，并按相关规定建立静电防护管理体系，在元器件采购、检验、测试、使用等过程中明确各环节的控制要求。

（七）整块电路板的控制

防潮和防静电措施应当在产品使用的整个生命周期中持续实施。已制作完工的电路板应储存在受控条件下，当电路板必须从受控条件下取出时，应准确记录取出时间、环境条件等。电路板在极其潮湿的环境中暴露时，必须烘干电路板以去除塑封器件的潮气，然后再将电路板、组装件放回受控的状态下存储。

四、可靠性设计要点

塑封器件选用之初，同金属陶瓷封装器件一样，需要对热阻、单粒子敏感度、抗锁定能力、抗静电能力、抗瞬态过载能力等特性进行评价。

（一）可靠性预估设计

参照GJB/Z 299C—2006《电子设备可靠性预计手册》进行可靠性预计，该手册附录A是针对进口电子元器件的电子设备可靠性预计。

（二）容差设计

参照GJB/Z 89—1997《电路容差分析指南》进行电路容差设计，保证元器件的性能和可靠性等级能够满足电路的容差要求。

（三）热设计

集成电路的热阻同芯片尺寸、焊接材料、基板或外壳材料以及封装结构等因素有关。为降低热阻，可在壳体树脂中添加铝颗粒，或在塑封器件上增加热沉。对于体积功率密度在$0.015W/cm^3$以上的器件，也可采用在部件内部加金属散热体作为主要的散热方式。具体热设计可参照GJB/Z 27—1992《电子设备可靠性热设计手册》。

（四）降额设计

额定值指在一定环境温度下和在一定时间范围内，器件能承受该应力而不致失效的能力。实际使用过程中，元器件不应长时间处在额定状态下工作，而应视其应用场合进行降额设计，从而达到延缓其参数退化、提高使用可靠性的目的。通常元器件有一个最佳降额范围，在此范围内设计易于实现，且不必在重量、体积、成本方面付出额外的代价。应参考

GJB/Z 35《元器件可靠性降额准则》进行设计，推荐的降额条件如表5-7所示。

表5-7　塑封器件降额要求

应力参数	降额方程/因子		
	数字微电路	线性/混合信号微电路	半导体分立器件
最高电源电压[1]	$V_{n.r.}+0.5\times(V_{max.r.}-V_{n.r.})$	$V_{n.r.}+0.8\times(V_{max.r.}-V_{n.r.})$	0.5
最高输入电压	—	0.8	0.5
最高工作结温[2]	0.8或者90℃，取较低者	0.7或者85℃，取较低者	100℃
最大输出电流	0.8	0.7	0.5
最高工作频率	0.8	0.7	0.5

注1：$V_{n.r.}$为标称额定电源电压，$V_{max.r.}$为最大电源电压。

注2：对于功率元器件，不得超过110℃或比制造商额定温度低40℃，取两者较低者。

（五）防辐射设计

塑封器件在辐射环境中易发生塑封材料变脆的现象，导致其可靠性下降。因此在空间应用环境中，应加强辐射屏蔽设计和CMOS抗栓锁设计，可以在器件表面喷涂辐射防护层或加装辐射防护罩。